教養の化学

生命・環境・エネルギー

西 原　寛・中田宗隆 編

東京化学同人

は じ め に

　子どもたちは，"空は何で青いの？"，"海の水はどうしてしょっぱいの？"，"人はなぜ死んじゃうの？" などのふと浮かんだ素朴な質問をして，親を困らせる．その後，成長するにしたがって知識や経験が増え，ものごとをより高いレベルで科学的に理解できるようになる．ただ，興味の対象が次第に絞られてしまうためか，高学年になるほど素朴な科学の疑問を口にしなくなる．本書では，高校で理科を学んだ人，具体的には大学生や一般の人にとって，蘊蓄を深める基本的な 14 個の "化学" に基づく話題を集めた．それらの話題をつなげると，宇宙，生命，医療，環境，エネルギーなどが関連した遠い過去から未来へのストーリーとなる．各章ごとに話題は完結しているが，相互に関係している内容も多い．各章には参考になる他の章が示されているので，興味をもった話題から読み進め，関連した話題へと興味を広げ，最終的には全部の章を読破していただきたい．なお，本書は，政策，経済，エネルギーなどの時代とともに状況が変化する事項を含んでおり，そこには専門家である執筆者の個人的見解も含まれている．

　第Ⅰ部 "宇宙・地球・生命の誕生と進化" では，五つの話題を取上げる．第 1 章では，150 億年前の宇宙の誕生から 46 億年前に私たちの星，地球ができるまでの宇宙の歴史を捉える．また，どのようにして，素粒子からさまざまな元素に進化したかを説明する．第 2 章では，40 億年前の生命の起源についての謎にせまる．地球上の生物の最も基本的な構成要素であるアミノ酸がどこでどのように生まれたのか，化学の視点で生命の起源の研究最前線を紹介する．第 3 章では，"人間" をテーマとする．生命が誕生してから植物と動物が生まれ，動物の進化の末に私たちのような人類（ヒト）が誕生した．現生人類であるヒトの遺伝子を化学の視点で学び，ヒトへ進化した過程を紐解いていく．第 4 章では，最も自然選択と進化が成功した例として植物の光合成と動物の呼吸を取上げる．そこには，とてつもなく緻密でエレガントな光電子移動過程や金属錯体の関与した化学反応過程が含まれており，自然の営みの素晴らしさに溢れている．第 5 章では，生物と有機分子との違い

を化学反応論に基づいて論じる．また，生命の基本的な能力である記憶とは何かを分子レベルで考察する．

　第II部"生物の化学と医療の進歩"では，絶妙なバランスの上に成立している自然と生命のかかわりに関する話題を中心に，化学の視点で最先端の医療や自然界の薬を解説する．第6章では，植物が産する多彩な有機化合物について学ぶ．それらは化学的な作用により，薬になったり毒になったりするものがある．それらの化学構造を解き明かしたり，人工的に同じもしくは類似の物質を合成したりするのは有機化学の醍醐味である．第7章では，糖鎖の科学を紹介する．この20年ほど糖鎖の機能の研究が急速に発展し，広く身体に分布して，いろいろな生命反応の調節を行っていることが明らかになってきた．糖鎖はさまざまな疾患に関与しており，創薬や治療の未来を拓くことが期待されている．第8章では，"がん"について解説する．がんは日本人の死亡原因の第1位であり，その克服は健康社会の実現につながる喫緊の課題である．最先端の医療を紹介し，がんにならないための，また，がんになったときの助言をする．第9章では，"感染症"について解説する．2020年から世界中に蔓延している新型コロナウイルスCOVID-19は，人々の生活を非日常の状況に追い込む脅威となっている．人類はこのような感染症といにしえから闘ってきた．感染症全般について述べた後，特にウイルス感染症の仕組みとその闘い方について助言する．

　第III部"環境・エネルギーと未来"では，さまざまな環境問題をテーマに，将来に向けた指針を議論する．第10章では，持続可能な社会の構築に関する環境負荷低減の世界的動向について歴史をふまえて解説し，化学を用いる新しいアプローチとしてグリーンケミストリーとサステイナブルケミストリーを統合した"持続可能化学"の具体例を示す．第11章では，バイオマスを取上げる．バイオマスエネルギーは，世界が目指すカーボンニュートラル社会に必要な再生可能エネルギーである．世界と日本のバイオマスエネルギーの開発の動向を解説する．日本は世界有数の科学技術先進国であるが，2011年3月11日の東日本大震災の際に起こった福島第一原子力発電所での核燃料メルトダウンの大惨事により，環境問題，エネルギー問題の試練が与えられた．第12章と第13章では，放射性元素の発見とその利用を歴史的に

振返る．また，原子力発電の原理，構造，管理などを説明し，どのようなリスクをどのようにして克服するかを述べる．最後の第 14 章では，複雑なエネルギー問題をいろいろな視点で解き明かし，現在のエネルギー政策への理解を促すとともに，今後の国家政策がどうあるべきかを共に考える道標を示す．

　自然災害や事故の大惨禍を乗り越え，持続する豊かな未来を拓くには，エネルギーや資源の枯渇を止め，安全安心で健康な長寿社会を形成し，平和な世界をつくる新しい科学技術が必要である．この科学技術イノベーションを達成するためには，現在の科学技術における課題を理解し，未来に向けてどのような解決法があるのかを模索して見いださなければならない．本書をそのために役立てていただくことを願っている．

　2023 年 2 月

編　　者

目　　　　次

第Ⅰ部　宇宙・地球・生命の誕生と進化

第II部　生物の化学と医療の進歩

第Ⅲ部　環境・エネルギーと未来

第 I 部

宇宙・地球・生命の誕生と進化

1

宇宙，原子，地球の誕生

1・1　はじめに

　小学生の頃，冬の夜空を見上げて，この宇宙はどこまで続いているのか，宇宙の先には何があるのだろうかと気になったことがある．しかし，その答えをはっきりと想像することはできなかった．大学生になると，その疑問は“宇宙はどのように定義されるのだろうか”に変わった．宇宙の定義がわかれば宇宙の大きさもわかるだろうし，宇宙の定義に当てはまらないものがその先にあることも想像がつく．宇宙の定義とはなんだろうか．

1・2　宇宙の誕生

　われわれは宇宙の中にいる．どうしてそう思うかというと，われわれは地球に住んでいて，地球は太陽系の中にあり，太陽系は銀河の中にあり，……．どうやら，“何かが存在するところが宇宙である”と定義できそうである．何かというのは，おそらく，物質のことである．どのような物質でもよいが，物質が存在すれば，物質がどこそこにあるという空間を定義することができる．逆にいえば，物質が何も存在しなければ，空間を定義する基準がないし，空間を定義する意味がない．どうやら，物質が存在する空間が宇宙であり，物質の存在する空間と物質の存在しない状態との境界が，宇宙の大きさと定義してもよさそうである．読者のなかには聞いたことがある人もいるかもしれないが，今も宇宙は膨張し続けているといわれている．膨張しているということは，物質と物質との距離がしだいに遠くなり，物質の存在する空間が広がっていると考えればよい．

　それでは，物質はいつから存在したのだろうか．つまり，宇宙はいつから存在したのだろうかという疑問である．ある理論によれば，“物質は138億年前

に, 突然に生まれた"という. そうすると, "宇宙は138億年前に, 突然に生まれた"ことになる. 宇宙が生まれる前を想像してみよう. 物質が何もないから, 空間が定義できない. 何もないのに突然に物質が生まれることがあるのだろうか. 実はある. 物質は何もなかったが, エネルギーは満ちあふれていたと考えられている. 普通は, 運動エネルギーやポテンシャルエネルギー (位置エネルギー) などのエネルギーは物質に付随する物理量であり, 物質の質量に依存する. しかし, 質量がないにもかかわらず, エネルギーの粒のようなものがないわけではない. もしかしたら, それは光のようなものだったのかもしれない. 光は電場と磁場が振動する電磁波であり, 質量はない. しかし, エネルギーはある. この考え方を提案したのはドイツのプランク (M. K. E. L. Planck) やドイツから米国に移住したアインシュタイン (A. Einstein) である.

　宇宙が誕生する前に, 光のようなエネルギーが満ちあふれた世界を想像してみよう. 質量をもつ物質は存在しないから, 空間, つまり, 宇宙を定義することはできない. これが宇宙の誕生する前の状態である. そして, 138億年前に, エネルギーが, 突然, 質量に変わった. そんなことがあるのだろうか. 答えは"Yes"である. アインシュタインはあの有名な式,

$$E = mc^2 \qquad\qquad (1 \cdot 1)$$

を提案した. ここで, E はエネルギー, m は質量, c は真空中の光の速さを表していて, エネルギーと質量が相互に変換されることを意味している. ひとたび, エネルギーから質量をもつ物質が誕生すれば, 空間を定義できる. 宇宙の始まりである. どのようなきっかけで, このような変換が起こったのかはわからない. どこで起こったのかもわからない. 宇宙の始まりは"ビッグバン"といわれている. その後, ただちに物質が空間を移動し, 宇宙の膨張が始まった (図1・1).

(a) 宇宙の誕生前	(b) 宇宙の誕生	(c) 宇宙の膨張
エネルギーが満ちあふれる	エネルギーが物質に変わる	物質と物質が離れる

図 1・1　**宇宙の誕生と膨張のイメージ**

1・3　原子の誕生と進化

　われわれの身のまわりには，さまざまな物質があふれている．気体もあれば，液体も固体もある．無数の種類の物質があるように思えるが，実は，すべての物質が約 100 種類の元素のどれかでできている．しかし，宇宙が誕生したときに，これらの元素が同時に誕生したわけではない．簡単な元素から複雑な元素へと進化する．その様子を以下に説明する（参考図書 1）．

1・3・1　素粒子から核子（陽子，中性子）の誕生

　宇宙が誕生したときに，最初にエネルギーから誕生した物質は**素粒子**である．素粒子はその性質（電荷やスピン角運動量*など）によって，大きく 2 種類に分類される（表 1・1）．**フェルミ粒子**と**ボース粒子**である．ボース粒子の

表 1・1　素 粒 子 の 種 類

種　類		電荷	名　前		
フェルミ粒子	クォーク	$+\dfrac{2}{3}e$	u（アップ）	c（チャーム）	t（トップ）
		$-\dfrac{1}{3}e$	d（ダウン）	s（ストレンジ）	b（ボトム）
	レプトン†	$-e$	e^-（電子）	μ（ミューオン）	τ（タウ）
		0	ν_e（電子ニュートリノ）	ν_μ（ミューニュートリノ）	ν_τ（タウニュートリノ）
ボース粒子	光子など				

　†　3種類のレプトンのそれぞれに，電荷が0のニュートリノがある．

代表は光子である．フェルミ粒子はさらに**クォーク**と**レプトン**に分類される．電子 e^- 以外のレプトンは化学の分野ではほとんど扱われないので，ここでは説明を省略する〔詳しくは物理の教科書（参考図書 2）を参照〕．クォーク類は 6 種類あり，3 組の対になっている．このうち**アップ** u と**ダウン** d が化学に最も関係する．2 個のアップと 1 個のダウンが“強い核力”とよばれる力によっ

---

　*　地球は太陽のまわりを公転しながら自転している．回転運動の場合の運動量（質量×速度）を**角運動量**という．そうすると，地球には 2 種類の角運動量があることになる．電子などの素粒子にも角運動量がある．原子核のまわりを電子が回るという原子模型では，地球の公転に対応する**軌道角運動量**と，自転に対応する**スピン角運動量**がある．“基礎コース物理化学 I 量子化学”，中田宗隆 著，東京化学同人（2018）参照．

て結合すると，核子の一つである**陽子**pができる（図1・2）．また，1個のアップと2個のダウンが結合すると，**中性子**nができる．陽子と中性子はまったく別の粒子だと思っている読者もいるだろうが，実は，どちらもアップとダウンからできていて，単に，それらの数が異なるだけである．アップの電荷は電子の電荷eの2/3倍で正の電荷をもつ．つまり，$+(2/3)e$である．一方，ダウンの電荷は$-(1/3)e$である．電荷が分数だと奇妙に思う読者もいるかもしれないが，歴史的には電子が先に発見され，電子の電荷が先にe（電気素量）と定義されたためである．

陽子p　　　　　　　　　中性子n

電荷$+e$　　　　　　　　電荷0

図 1・2　**アップとダウンから核子（陽子，中性子）の誕生**

　アップやダウンは安定であるが，永遠に変化しないわけではない．アップがダウンになることもあるし，ダウンがアップになることもある．アップuがダウンdになる場合には，正の電荷をもった電子，つまり，電子の**反粒子***である**陽電子**e^+と**電子ニュートリノ**ν_eが放出される．この変化を**β^+壊変**という．

$$u \longrightarrow d + e^+ + \nu_e \tag{1・2}$$

ニュートリノは，素粒子を"弱い核力"で結び付ける役割を果たす．たとえば，2個のアップuと1個のダウンdから構成されている陽子がβ^+壊変を起こすと，1個のアップuと2個のダウンdになる．つまり，陽子pは中性子nに変化する．

$$p(u+u+d) \longrightarrow n(u+d+d) + e^+ + \nu_e \tag{1・3}$$

　一方，ダウンdがアップuになる場合には，電子e^-と**反電子ニュートリノ**（電子ニュートリノの反粒子$\bar{\nu}_e$）が放出される．この変化を**β^-壊変**という．

---

　*　質量とスピン角運動量は同じで，電荷などが逆の性質をもつ粒子を**反粒子**という．

$$d \longrightarrow u + e^- + \bar{\nu}_e \qquad (1 \cdot 4)$$

たとえば，中性子 n が β^- 壊変を起こせば，2 個のアップ u と 1 個のダウン d
に変化する．つまり，中性子 n は陽子 p となる．

$$n(u+d+d) \longrightarrow p(u+u+d) + e^- + \bar{\nu}_e \qquad (1 \cdot 5)$$

陽子も中性子も永遠に不変な粒子ではなく，β^+ 壊変あるいは β^- 壊変によって
互いに変化する．

1・3・2　核子から原子（水素，ヘリウム）の誕生

　陽子は正の電荷をもつ．電子は，もちろん，負の電荷をもつ．陽子のそばに
電子が存在すれば，"電磁気力"によって，最も簡単な元素である水素原子が
できる．宇宙空間で最も多く存在する元素は水素である．2 章で詳しく説明す
るが，太陽系の中の元素の存在比を調べると（表 2・1 参照），水素の存在が原
子数比で 92.1 ％を占めている．その次に存在比の大きな元素がヘリウムで，
7.8 ％である．水素とヘリウムだけで，存在比は 99.9 ％になる．ヘリウムはど
のようにして核子から誕生したのだろうか．たとえば，^{4}He は 2 個の陽子と 2
個の中性子からできている．しかし，希薄な宇宙空間で，たまたま 4 個の核子
が衝突して，^{4}He ができたわけではない．そのような衝突確率は皆無に等しい
と思われる．

　すでに述べたように，宇宙で最初にできた核子は陽子と中性子である．まず
は，2 個の核子の衝突が起こるはずである．核子を"強い核力"で結びつける
役割を果たす粒子が中間子であり，日本の物理学者の湯川秀樹博士によって理
論的に予言された．陽子と陽子が結合する可能性もあるが，ともに正の電荷を
もつので，静電斥力のためになかなか近づけない．一方，中性子と中性子が結
合すると電気的に中性な原子核となるが，電荷をもたないので原子にはなれな
い（すでに述べたように，2 個の中性子からなる粒子が β^- 壊変すれば，^{2}H に
なる）．もしも，陽子と中性子が結合し，さらに電子が結合すれば，まずは，
重水素 ^{2}H（あるいは D と書く）ができるはずである．陽子が 1 個の元素はす
べて水素とよばれるが，質量が 2 倍に近い水素なので重水素という．重水素は
水素の同位体である．

　重水素 ^{2}H の原子核は 1 個の陽子と 1 個の中性子からできている．そうする

と, ^{2}H と ^{2}H が結合すれば, 2 個の陽子と 2 個の中性子を原子核とする ^{4}He が
できると思うかもしれない. しかし, 単に ^{2}H と ^{2}H が衝突しても, エネルギー
が下がって安定にならなければ ^{4}He にはならない. たとえば, 水平な机の上
で, 2 個の玉を転がして衝突させてみよう. 2 個の玉は, 一度, 接触するかも
しれないが, ただちに反対の方向に動きだす. エネルギーは保存されるから,
2 個の玉は接触しても静止することはない. しかし, もしも ^{2}H と ^{2}H が衝突し
て, 4 個の核子のうちの 1 個が運動エネルギーとしてエネルギーをもち去るな
らば, 残りの 3 個の核子のエネルギーは下がって, 安定に結合することができ
る. たとえば, 1 個の陽子 p がエネルギーをもち去れば, ^{2}H と ^{2}H から**三重水
素** ^{3}H (あるいは T と書く) ができる.

$$^2\mathrm{H(n+p)} + {}^2\mathrm{H(n+p)} \longrightarrow {}^3\mathrm{H(n+n+p)} + \mathrm{p} \qquad (1\cdot6)$$

あるいは, 1 個の中性子 n がエネルギーをもち去れば, ヘリウムの同位体であ
る ^{3}He ができる.

$$^2\mathrm{H(n+p)} + {}^2\mathrm{H(n+p)} \longrightarrow {}^3\mathrm{He(n+p+p)} + \mathrm{n} \qquad (1\cdot7)$$

さらに, (1・6) 式でできた ^{3}H にもう 1 個の ^{2}H が衝突して, 中性子 n がエネル
ギーをもち去れば, 安定な ^{4}He ができる. あるいは, (1・7) 式でできた ^{3}He に
^{2}H が衝突して, 陽子 p がエネルギーをもち去れば, 安定な ^{4}He ができる. いず
れの過程を経ても ^{4}He が生成する. 以上の反応式をまとめて図 1・3 に示す.

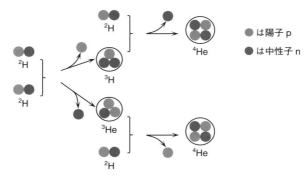

図 1・3　**重水素 (^{2}H) からヘリウム (^{4}He) の誕生**

4 個のばらばらな核子の状態に比べて, ^{4}He はエネルギーがどのくらい安定
になっただろうか. 陽子 1 個の質量は約 1.6726×10^{-27} kg, 中性子 1 個の質量

は約 $1.6749×10^{-27}$ kg，電子1個の質量は約 $9.109×10^{-31}$ kg である．そうすると，2個の陽子，2個の中性子，2個の電子からなる ^{4}He の質量は，

$$2×1.6726×10^{-27}\,\mathrm{kg} + 2×1.6749×10^{-27}\,\mathrm{kg} + 2×9.109×10^{-31}\,\mathrm{kg}$$
$$≈ 6.6968×10^{-27}\,\mathrm{kg} \quad (1・8)$$

になるはずである．しかし，^{4}He の実際の質量は $6.6465×10^{-27}$ kg であり，約 $5.0×10^{-29}$ kg も少ない．これを**質量欠損**という．すでに述べたように，質量とエネルギーには $(1・1)$ 式の関係があるから，質量が減ったということは，それだけエネルギーが下がって，安定になったことを意味する．その値 E は，

$$E = (5.0×10^{-29}\,\mathrm{kg})×(2.998×10^8\,\mathrm{m\,s^{-1}})^2$$
$$≈ 4.5×10^{-12}\,\mathrm{m^2\,kg\,s^{-2}} = 4.5×10^{-12}\,\mathrm{J} \quad (1・9)$$

と計算できる．ここでは，単位の $\mathrm{m^2\,kg\,s^{-2}}$ をエネルギー J（ジュール）に変換した値も示した（参考図書3）．この値は，一見すると，とても小さく思えるが，粒子1個当たりのエネルギーである．たとえば，1 mol（1 atm, 300 K でおよそ 24.6 L）で考えると，$(1・9)$ 式にアボガドロ定数 N_A（約 $6.022×10^{23}$ $\mathrm{mol^{-1}}$）を掛けて，

$$E ≈ (4.5×10^{-12}\,\mathrm{J})×(6.022×10^{23}\,\mathrm{mol^{-1}}) ≈ 2.7×10^{12}\,\mathrm{J\,mol^{-1}} \quad (1・10)$$

となり，結構，大きなエネルギーである．

1・3・3 核融合による新たな元素の誕生

^{2}H と ^{2}H から ^{4}He が生成する反応のように，原子核と原子核が結合して質量の大きな原子ができる過程を**核融合**という．宇宙のどこで核融合が起こっているかというと，太陽のような恒星の中である．太陽は"重力*"によって膨大な数の水素が集まって誕生した．水素は最も軽い気体と思うかもしれないが，太陽は水素の塊のようなもので，太陽の中心の密度は約 $1.56×10^5$ $\mathrm{kg\,m^{-3}}$ であり，身近にある金属の鉄の 20 倍近くにもなる．密度が大きいということは，^{2}H のすぐそばに別の ^{2}H が存在するということだから，太陽の中では核融合が頻繁に起こり，質量欠損に伴う膨大なエネルギーが生まれる．太陽の中心の温

---

* "強い核力"，"弱い核力"，"電磁気力"，"重力"を自然界の四つの力という．

度は約 1.5×10^7 K，表面温度も約 6000 K になる．

　高温，高密度の状態で，^{2}H の核融合によって生まれた ^{4}He は，核融合によって，さらに原子番号の大きな元素になる．たとえば，3 個のヘリウムの原子核が結合して，炭素の原子核ができる．また，炭素からは酸素やマグネシウムができ，酸素からはケイ素ができ，さらに，ニッケルや鉄ができる．自然界に存在する鉄（^{56}Fe）までのほとんどの元素は，太陽のような恒星の中で，核融合を繰返すことによってつくられたと考えられている（図 1・4）．

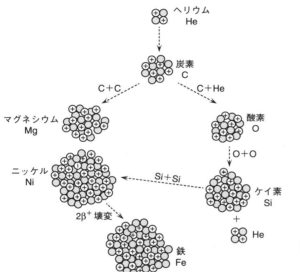

図 1・4　核融合による元素の進化

　ばらばらの核子と比べて，核融合によって誕生した原子のエネルギーが，核子 1 個当たり，どのくらい安定であるかを質量欠損から計算した結果を図 1・5 に示す．たとえば，^{4}He の安定化エネルギーは，(1・9) 式の値を核子の数である 4 で割ると 1.125×10^{-12} J となる．図 1・5 では，縦軸に安定化エネルギーをとっているので，その値が大きいほど元素は安定である．確かに ^{56}Fe までの元素は原子番号が大きくなるにつれて，核子 1 個当たりの安定化エネルギーが大きくなる（右上がりになる）．したがって，核融合によって，できるだけ原子番号の大きな元素になろうとする（^{4}He は例外的に安定）．一方，^{56}Fe よりも原子番号の大きな元素では，原子番号が大きくなるにつれて，核子 1 個当

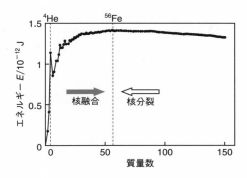

図 1・5　**質量欠損から計算した核子1個当たりの安定化エネルギー**（核子の結合エネルギー）

たりの安定化エネルギーが小さくなる（右下がりになる）．つまり，核融合によって原子番号の大きな原子になろうとすると不安定なので，核融合は起こらない．それでは，^{56}Fe よりも原子番号の大きな元素はどのようにして誕生したのだろうか．

1・3・4　核分裂による新たな元素の誕生

　太陽のような恒星は永遠に核融合を続けるわけではない．核融合の原料である水素はしだいに減り，核融合の生成物である原子番号の大きな重い元素が増える．核融合の進んだ恒星は赤色巨星といわれる．ヒトに寿命があるように，星にも寿命がある．赤色巨星は，核融合によってできた元素の重さに耐えきれなくなり，最後には爆発する．爆発によって膨大な数のさまざまな原子核や中性子が宇宙にばらまかれる．その中には多くの中性子を含んだ重い原子核もある．中性子の数が多すぎる原子核は不安定であり，β$^-$壊変を起こす〔(1・5)式参照〕．β$^-$壊変によって，素粒子のダウンがアップに変わり，中性子が陽子に変わり，安定化する．陽子の数がβ$^-$壊変の前よりも増えるから，原子番号の大きな元素ができることになる．たとえば，アルゴン ^{42}Ar は β$^-$壊変によってカリウム ^{42}K になる．陽子と中性子の数の合計はどちらの元素も 42 であるが，β$^-$壊変によって中性子が陽子に変わり，原子番号が一つ増える．

$$^{42}\text{Ar}(18\text{p}+24\text{n}) \longrightarrow {}^{42}\text{K}(19\text{p}+23\text{n}) + \text{e}^- + \bar{\nu}_e \qquad (1\cdot11)$$

　中性子の数が多すぎる不安定な原子核は，中性子 n の衝突によって**核分裂**を起こすこともある．たとえば，^{235}U の核分裂にはさまざまなものがあるが，その一つの核分裂は次のように表される（以降の式では核子の数の変化のみを

示す).

$$^{235}\text{U}(92\text{p}+143\text{n})+\text{n} \longrightarrow {}^{95}\text{Y}(39\text{p}+56\text{n})+{}^{139}\text{I}(53\text{p}+86\text{n})+2\text{n} \qquad (1 \cdot 12)$$

1 個の中性子が ^{235}U と衝突すると, 2 個の中性子が生まれ, その中性子が別の ^{235}U と衝突して連鎖的に核分裂が起こることになる. 核分裂によって莫大なエネルギーが放出されるので, 人類は核分裂を原子力発電のエネルギーとして利用したり (12, 13 章参照), ときには, 原子爆弾を製造したりする. 核分裂が起こると原子番号が小さい元素になり, 核子 1 個当たりの安定化エネルギーが大きくなる (図 1・5 参照). ^{56}Fe よりも原子番号の大きな元素は核分裂によって生成される.

2016 年に正式に名称が認められた日本由来のニホニウム (^{278}Nh) は, 約 $3 \times 10^7 \text{ m s}^{-1}$ (光速の 10 %) に加速した亜鉛 (^{70}Zn) とビスマス (^{209}Bi) を衝突させ, 無理やり核融合させた 113 番目の元素である.

$$^{70}\text{Zn}(30\text{p}+40\text{n})+{}^{209}\text{Bi}(83\text{p}+126\text{n}) \longrightarrow {}^{278}\text{Nh}(113\text{p}+165\text{n})+\text{n} \qquad (1 \cdot 13)$$

合成した ^{278}Nh はエネルギーが高くて不安定なので, 存在する時間 (寿命) はとても短く, 約 0.002 秒である (同位体の ^{286}Nh の寿命は 20 秒といわれている). ^{278}Nh はただちに 6 回の α **壊変** 〔^4He の原子核 (2n+2p) を放出する壊変〕を経て, 原子番号 101 のメンデレビウム (^{254}Md) になる. α 壊変なので, 質量数が 4 ずつ減少する.

$$
\begin{array}{l}
{}^{278}\text{Nh}(113\text{p}+165\text{n}) \xrightarrow{\ 2\text{n}+2\text{p}\ } {}^{274}\text{Rg}(111\text{p}+163\text{n}) \xrightarrow{\ 2\text{n}+2\text{p}\ } {}^{270}\text{Mt}(109\text{p}+161\text{n}) \\[4pt]
\qquad\qquad\quad \xrightarrow{\ 2\text{n}+2\text{p}\ } {}^{266}\text{Bh}(107\text{p}+159\text{n}) \xrightarrow{\ 2\text{n}+2\text{p}\ } {}^{262}\text{Db}(105\text{p}+157\text{n}) \\[4pt]
\qquad\qquad\quad \xrightarrow{\ 2\text{n}+2\text{p}\ } {}^{258}\text{Lr}(103\text{p}+155\text{n}) \xrightarrow{\ 2\text{n}+2\text{p}\ } {}^{254}\text{Md}(101\text{p}+153\text{n})
\end{array}
$$

$$(1 \cdot 14)$$

1・4　地球の誕生と進化

　恒星の爆発などによって, 宇宙空間には鉄を含む多くの物質のかけらのようなものが拡散し, "重力"によって再び集まって小惑星ができる. さらに, 小

惑星が"重力"で集まって惑星になる．太陽系では水星，金星，地球など八つの惑星ができ，太陽のまわりを回っている．地球の中心（コア）は鉄やニッケルでできていて（図1・4参照），圧力は約400万気圧，温度は約6000Kといわれている．地球は46億年前に誕生したといわれている．

　地球が誕生してしばらくすると，大気中には原子番号の小さい元素からなる気体（水素，ヘリウム，窒素，酸素，アルゴンなど）が存在したと思われる．しかし，地球の重力の束縛から逃れた水素やヘリウムなどは，地球にとどまらずに宇宙に拡散した．窒素や酸素程度の重さの気体は地球の重力と釣り合って，地球の大気を構成した．窒素よりも重い二酸化炭素も，原始地球の大気では大量にあったといわれている（図1・6）．

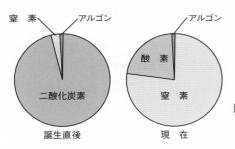

図1・6　地球大気の主成分の割合

　一部の水素は酸素と反応して水になり，海洋を形成した可能性がある．大気中の二酸化炭素は海洋に溶け込み，やがて，海洋の中で生命が誕生すると（2章参照），炭酸カルシウムとして固定された．また，生命はやがて植物に進化し，地球の陸地表面を埋め尽くすようになった．植物は二酸化炭素を光合成に利用し，酸素を放出する（4章参照）．大気中に残っていた二酸化炭素はこの過程でほとんどが消費され，やがて窒素と酸素とアルゴンが残った．地球の大気成分はこのように時代とともに変化している．

　光合成によって酸素が放出されるのだから，現在の大気では酸素が窒素よりも多くなる可能性がある．しかし，酸素は窒素に比べると反応性が高い（4章参照）．酸素はさまざまな元素と反応して，酸化物として地殻に残っている．地殻にはケイ素やアルミニウムや鉄の酸化物が大量にある．詳しいことは2章で説明するが，地殻における元素の存在比を調べると（表2・1参照），確かに，酸素が地殻中に最も多く含まれる元素であることがわかる．

　地球の大気成分を変化させているのは植物だけではない．近年，人類は科学

技術の発展に伴って，膨大なエネルギーを使っている（第III部参照）．そのエネルギー源は，石炭や石油などの化石燃料の消費によって生まれる熱エネルギーである．熱エネルギーによって水を水蒸気にして，水蒸気の力を使って，人間の代わりに仕事をさせる装置をつくった．現在では，電気をつくるために，火力発電所で大量の化石燃料が消費されている．その際に大量の二酸化炭素が大気中に放出される．大気中の二酸化炭素の量は，産業革命以前と比べて急激に増加している．

1・5　これからの地球環境をどうするか

　　熱エネルギーは地球の環境を大きく変える．近年，大気の温度が熱エネルギーによって急激に高くなりつつある．温度は大気成分である窒素や酸素やアルゴンの運動エネルギーを反映する（参考図書4）．地球はほぼ真空状態の宇宙の中にあるから，窒素や酸素やアルゴンの運動エネルギーは，そのままでは宇宙に放出されることはなく，地球の大気を温め続ける．たとえば，原子力発電所も同様に大気を温め続けている．原子力発電所では，核分裂によって自然界にはなかった大量の熱エネルギーを放出する（13章参照）．あまりにも大量の熱エネルギーなので冷却する必要がある．冷却水を放出するために，原子力発電所は日本では海岸の近くに建設される．高温になった冷却水は海に捨てられ，海水温を上げる．地球温暖化によって，海だけではなく，陸の生態系も変わろうとしている．地球が誕生してから産業革命までは，自然が地球の環境を変えてきた．産業革命以降，人類は地球の環境を変える膨大な科学技術を手に入れてしまった．どのように地球の環境を変えるのか，地球の将来はどのように変わるのか，人類の叡智が問われている．

参考図書など

1) "化学 — 基本の考え方13章（第2版）"，中田宗隆 著，東京化学同人（2011）．
2) "クォーク第2版: 素粒子物理はどこまで進んできたか"，南部陽一郎 著，講談社（1998）．
3) "きちんと単位を書きましょう—国際単位系（SI）に基づいて"，中田宗隆，藤井賢一 著，東京化学同人（2022）．
4) "基礎コース物理化学IV 化学熱力学"，中田宗隆 著，東京化学同人（2020）．

2

生命の起源と地球外生命の謎

2・1 はじめに

　地球上にはさまざまな生物が満ちあふれている．これらの生物はどのように
してできたのだろうか．19世紀半ばまで，人々は "単純な生物だったら勝手
に生まれてくる" と考えていた．しかし，1860年に，フランスの生化学者・
細菌学者のパスツール（L. Pasteur）は巧妙な実験により，どんなに単純な微
生物でも自然には発生しないことを証明した．このときから，"生命の起源"
は学問上の大きな謎となった．1920年代になり，2人の科学者，ロシアのオ
パーリン（A. I. Oparin）と英国のホールデン（J. B. S. Haldane）が，この謎に
対して一つの仮説をたてた．"生命が誕生する前から，地球にはさまざまな物
質があったはず．そのような物質が反応して，単純な分子から複雑な分子へと
徐々に変化して，ついには生命が誕生した"．この考えは，生物進化に対して
化学進化とよばれ，化学が生命の起源を探る鍵を握っていることを示した．そ
れでは，どのような分子ができれば，生命が誕生したことになるのだろうか．

2・2 生命を構成する分子

　"生命" を定義する試みは，多くの科学者によって行われてきた．しかし，
生命の定義を一つに絞ることはなかなか難しい．そこで，まずは地球上の生命
の特徴を調べることにする．

　生命には外界との境界がある．生命が宿る生物の基本単位は**細胞**である．細胞
の内側では，生命を維持するためのさまざまな化学反応（代謝）が行われる．こ
の代謝はおもに**タンパク質**でできた酵素によって精密に制御される．生命は代
謝により自分を維持しながら増殖する．生物の特徴は親から子へ遺伝するが，こ
の遺伝という特質は**核酸**が自己複製することによって起こる（§3・2参照）．また，

COLUMN

細 胞 と 細 胞 膜

　細胞には原核細胞と真核細胞があり，最初に誕生した生命は原核細胞(a)からなる単細胞生物だった．やがて生物進化の過程でより複雑な真核細胞からなる単細胞生物が誕生し，さらに動物や植物などの多細胞生物に進化した．植物細胞(c)は動物細胞(b)にない葉緑体や細胞壁をもっている．いずれの細胞もリン脂質二重層からなる細胞膜(d)で囲まれており，それを貫通する種々のタンパク質の働きで細胞内外の物質のやり取りを行っている．

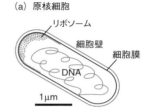

(a) 原核細胞

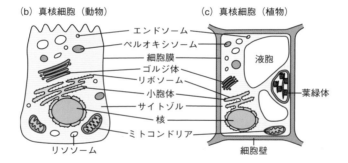

(b) 真核細胞（動物）　　(c) 真核細胞（植物）

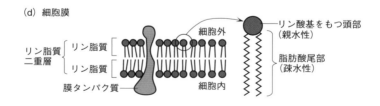

(d) 細胞膜

図　細胞と細胞膜の簡略化した構造

生物は進化するが, この進化をひき起こす原因は核酸の配列の変化にある.

タンパク質は**アミノ酸**というモノマー（単量体）の分子が多数つながったポリマー（高分子）である. また, 核酸は**ヌクレオチド**というモノマー分子が多数つながったポリマーである. 化学の立場から生命を考えるにあたって, まずは, 地球生物が用いているアミノ酸とヌクレオチドについて, 少し復習しよう.

2・2・1 アミノ酸

タンパク質はアミノ酸という分子が一列につながった分子である. アミノ酸は**アミノ基**（$-NH_2$）と**カルボキシ基**（$-COOH$）の両者をもつ分子の総称である. アミノ酸というと, なんとなく20種類しかないようなイメージをもつ

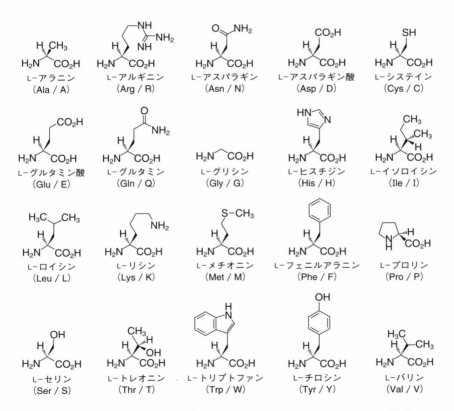

図 2・1 **ヒトのタンパク質を構成するアミノ酸の構造.** （ ）内はアミノ酸三文字表記/一文字表記.

人もいるかと思う．これは，私たちの身体をつくっているタンパク質が，原則として20種類のアミノ酸をつなげたものだからである．この20種類のことを"タンパク質構成アミノ酸"（図2・1）とよび，他のアミノ酸と区別する．その他のアミノ酸は"非タンパク質構成アミノ酸"とよばれ，その種類は無限である．タンパク質構成アミノ酸は，一つの炭素原子にアミノ基とカルボキシ基が結合したα-アミノ酸である．これに対して，アミノ基とカルボキシ基が隣り合った炭素に結合しているものがβ-アミノ酸である．β-アミノ酸はすべて非タンパク質構成アミノ酸である．

　炭素は共有結合するための"手"を4本もっている．α-アミノ酸の場合，アミノ基とカルボキシ基がついている炭素は，ほかに2本の手をもっており，1本の手には水素（H）が結合し，もう1本の手にさまざまな置換基（Rで表す）が結合する．Rをアミノ酸の**側鎖**とよび，この側鎖が各アミノ酸の個性を出す．また，α-アミノ酸の場合，中心炭素に四つの異なる置換基が結合すると，正四面体の中心に位置する炭素から手が四つの頂点方向に出ているために，図2・2のように結合の仕方が2通りできる．これらは**鏡像異性体**であり，歴史的にD-アミノ酸，L-アミノ酸とよばれている．生体内でタンパク質が合成されるときには，基本的にL-アミノ酸のみが用いられる．このことを**ホモキラリティー**とよぶ．

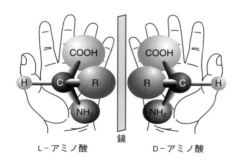

図2・2　α-アミノ酸の構造と光学活性

L-アミノ酸　　鏡　　D-アミノ酸

2・2・2　ヌクレオチド

　核酸モノマーであるヌクレオチドの構造はアミノ酸よりも少し複雑であり，核酸塩基，糖，リン酸という三つの部分から成る（図2・3）．DNA（デオキシリボ核酸）では糖としてデオキシリボース，RNA（リボ核酸）ではリボースが用いられる．糖は水溶液中でさまざまな形をとりうるが，核酸では**フラノース**

とよばれる5員環の形をとり，糖と核酸塩基は必ず決まった位置で，決まった方向（β結合という）に結合する．また，ヌクレオチド中では，リン酸は必ず図2・3のように5′結合とよばれる位置につく．

　DNAで用いられる核酸塩基は，アデニン（A），グアニン（G），シトシン（C），チミン（T）の4種類である．AとTおよびGとCは水素結合によって

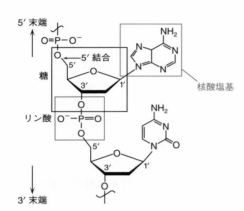

図 2・3　ヌクレオチドの構造

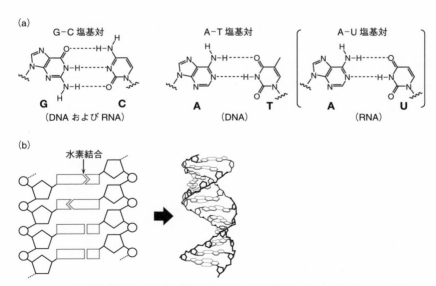

図 2・4　水素結合で対となる核酸塩基 (a) と DNA 二重らせん構造 (b).
　(b) の五角形は糖（デオキシリボース），丸はリン酸を表す.

結びつく（図2・4）．この結合は特に**ワトソン-クリック型塩基対**とよばれ，核酸が自己複製するという性質のもとになっている．RNAではTの代わりにウラシル（U）が用いられており，UとAもワトソン-クリック型塩基対を形成する．

　以上のことからわかるように，生体分子の基本的な材料であるタンパク質や核酸は，きわめて限られた種類の分子からなる．特にヌクレオチドの場合，核酸塩基と糖，糖とリン酸が決まった様式で結合していることに注意しよう．

2・3　原始大気中での化学進化

　かつて，有機物は無機物とは異なり，生物にしかつくりだせないものと考えられていた．しかし，1828年にドイツのウェーラー（F. Wöhler）は，シアン酸アンモニウム（NH_4OCN）という無機物から有機物である尿素（NH_2CONH_2）を合成し，有機物と無機物の間に本質的な違いがないことを示した．それでも，生体を構成するアミノ酸のような分子は，そう簡単には自然界で生成しないだろうと考えられていた．

　1953年に，シカゴ大学の学生だったミラー（S. L. Miller）は，フラスコの中にメタン，アンモニア，水素，水蒸気の混合気体を入れ，その中で火花放電を行った．これは原始地球の大気中での雷を想定したものだった．原始地球の大気の組成には諸説があったが，ミラーは指導教員だったユーリー（H. C. Urey, 重水素の発見でノーベル化学賞を受賞）の原始大気組成説を採用した．宇宙には水素が多いこと，木星の大気中にメタンやアンモニアが多く含まれることなどから，ユーリーは原始地球の大気が水素化物を多く含むきわめて還元的雰囲気だったと考えた．

　ミラーが数日間の放電の後にフラスコの底の水を分析すると，グリシン，アラニンなどのアミノ酸が検出された．アミノ酸のような生命に不可欠な有機物が，アンモニアやメタンなどの還元性の強い単純な分子から，いとも簡単に生成した．そこで，多くの研究者は，化学進化の過程は実験によって十分に解明が可能だと考えた．

　1950～70年代に，この"強還元型原始大気説"のもと，種々のエネルギーを用いた多くの化学進化の実験が行われた．その結果，アミノ酸の合成や，核酸塩基などの核酸関連分子の合成が報告された．特に，火花放電の生成物の中

に検出されたシアン化水素 HCN とホルムアルデヒド HCHO は，ともに猛毒だが，アミノ酸や核酸関連分子の合成の重要な中間体と考えられるようになった．そして，HCN と HCHO が原始海洋に溶け，図2・5のような化学進化の過程に沿って，生命が誕生した可能性が示された．これを**生命起源の古典的シナリオ**とよぶことにする．

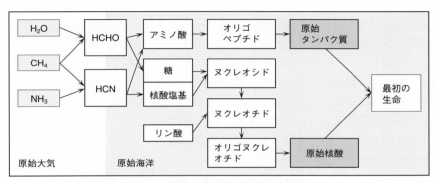

図 2・5　**生命起源の古典的シナリオ**

2・4　生命の素材は宇宙でも生成した

　原始地球の大気に関しては，ユーリーらの強還元型大気説がしばらく優勢だった．しかし，1980 年頃になると，原始地球の大気はそれほど還元性が強くなかったという考えが主流になった．原始地球の大気は，太陽系の材料として大量に存在した水素を多く含む"一次大気"ではなく，微惑星*の衝突・合体によって地球が生成したときに生じた"二次大気"と考えられる．太陽系において，地球型惑星である火星や金星は二酸化炭素，窒素がおもな大気成分である．したがって，原始地球の大気もそれに近いものと推定された．このような大気からは，雷や紫外線ではアミノ酸のような有機物の生成はそれほど望めない．

2・4・1　隕石・彗星中の有機物

　原始地球大気からの生成に代わって注目されたのが，地球外に存在する有機

---

*　太陽系の形成初期に存在したと考えられている小天体を**微惑星**という．

物である．宇宙から地球に降ってくる岩石を**隕石**とよぶ．隕石の多くは火星と
木星の間の小惑星帯から飛来すると考えられている．隕石の中には**炭素質コン
ドライト**とよばれる炭素を 1〜2 % 程度含むものが存在する．炭素質コンドラ
イトにはさまざまな有機物が含まれている．たとえば，1969 年にオーストラ
リアのマーチソン村に落下した"マーチソン隕石"中には，70 種類のアミノ
酸や，いくつかの核酸塩基が含まれていることが報告された．隕石のほかに，
彗星中にもさまざまな有機物が含まれていることが明らかになってきた．1986
年に，ヨーロッパの彗星探査機ジオットーはハリー彗星に接近し，彗星から噴
き出す塵を分析し，多種類の複雑な有機物が存在していることがわかった．米
国の彗星探査機スターダストは，ヴィルト第二彗星から噴き出した塵を採集し
て地球に持ち帰り，アミノ酸（グリシン）などの存在が確認された．さらに，
日本の小惑星探査機"はやぶさ 2"は 2020 年に小惑星リュウグウから砂試料
を持ち帰ったが，2022 年にはその中に多種類のアミノ酸が含まれていたことが
報告された．

　これらの発見は，有機物，特にアミノ酸のような生命と直結する分子が，宇
宙環境でも生物の関与なしで生成することを示している．また，実験室内では，
星間に多く存在する主要な分子（一酸化炭素，アンモニア，水など）の混合物
に高エネルギーの陽子線を照射すると，アミノ酸のもとになる分子（アミノ酸

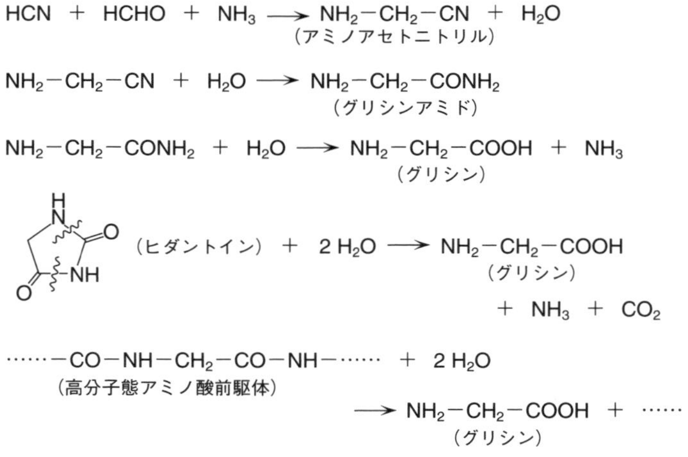

$$HCN \ + \ HCHO \ + \ NH_3 \ \longrightarrow \ NH_2-CH_2-CN \ + \ H_2O$$
（アミノアセトニトリル）

$$NH_2-CH_2-CN \ + \ H_2O \ \longrightarrow \ NH_2-CH_2-CONH_2$$
（グリシンアミド）

$$NH_2-CH_2-CONH_2 \ + \ H_2O \ \longrightarrow \ NH_2-CH_2-COOH \ + \ NH_3$$
（グリシン）

（ヒダントイン） $+ \ 2\,H_2O \ \longrightarrow \ NH_2-CH_2-COOH$
（グリシン）
$+ \ NH_3 \ + \ CO_2$

$$\cdots\cdots-CO-NH-CH_2-CO-NH-\cdots\cdots \ + \ 2\,H_2O$$
（高分子態アミノ酸前駆体）
$$\longrightarrow \ NH_2-CH_2-COOH \ + \ \cdots\cdots$$
（グリシン）

図 2・6　アミノ酸前駆体からのアミノ酸の生成

前駆体) が生成することが確かめられている. このアミノ酸前駆体にはさまざ
まな候補があるが (図2・6), 従来知られていたようなアミノアセトニトリル
やヒダントインのような小分子だけではなく, 高分子態の分子の生成も示唆さ
れている. このような反応では, 陽子線により高いエネルギーが与えられた後
に, まわりの氷環境で急冷されるというしくみにより, 複雑な有機物が容易に
生成すると考えられている.

2・4・2　アミノ酸のホモキラリティー

　§2・2・1で述べたように, アミノ酸には D−アミノ酸と L−アミノ酸がある.
しかし, 地球生命は L−アミノ酸だけを選択している. 一方, アミノ酸を実験
室で合成すると, 基本的に D−アミノ酸と L−アミノ酸が1:1で混ざった**ラセ
ミ体**しかできない. ラセミ体のアミノ酸をつなげても, 機能をもつタンパク質
にはならない. どのようにして L−アミノ酸が選別されたか, これは生命の起
源を研究するうえで, ずっと解けない謎である.

　1997年にアリゾナ州立大学のクローニン (J. R. Cronin) らは, マーチソン
隕石中のアミノ酸を詳細に調べ, 一部のアミノ酸に L 体が過剰に存在すること
を発見した. この地球外でのできごとが, 地球上のアミノ酸のホモキラリ
ティーのもとになった可能性があると考えられる. なぜ, 隕石中のアミノ酸に
L 体が多くなったかについては未だにわかっていないが, 宇宙で生成したアミ
ノ酸が円偏光紫外線*を浴びるなどして, L 体が過剰に生じた可能性が考えら
れ, その検証が進められている.

2・5　水 と 生 命

　これまで, 原始地球の大気中あるいは宇宙で, アミノ酸などの有機物が生成
した可能性を述べてきた. しかし, これらの物質は, まだ, "生命"とはよべ
ない. これらから, どのようにして生命が誕生したのだろうか. 生命にとって,
まず, 液体の水が不可欠である. 細胞内の反応の多くは, 水を溶媒とする液相
中で起こるからである. したがって, 生命が誕生した場所は, 液体の水が存在

---

　*　普通, 電磁波は電場や磁場が右回りに変化する波と左回りに変化する波の重ね合わせで
　　表される. 方解石のような結晶などを通すと, それぞれを二つの方向に分けることができ,
　　それぞれを**円偏光**という.

するところだと考えられる.

2·5·1　海 と 生 命

　表2·1に, 太陽系, 地殻, 海水, 人体の原子数比(%) を比較した. 生命は宇宙に多く存在する比較的軽い元素 (H, C, N, O など) からできているが, 海水と人体はともに Na や Cl を多く含んでいる. また, 海水は太陽系や地殻に比

表 2·1　**自然界の主要元素.** 組成数字は項目ごとの原子数比(%)[†1,2]

元 素	太陽系[1]	地 殻[2]	海 水[2]	人 体[3]
H	① 92	④ 3.0	① 66	① 61
He	② 7.8	trace	trace	trace
O	③ 0.045	① 61	② 33	② 26
C	④ 0.025	⑩ 0.035	⑨ 0.0014	③ 11
Ne	⑤ 0.0078	trace	trace	trace
N	⑥ 0.0062	0.0086	⑩ 0.00038	④ 2.4
Mg	⑦ 0.0031	⑧ 1.3	⑥ 0.015	0.011
Si	⑧ 0.0030	② 21	0.000066	trace
Fe	⑨ 0.0026	⑦ 2.2	trace	0.0009
S	⑩ 0.0013	0.027	⑤ 0.017	⑦ 0.13
Al	0.00025	③ 6.7	trace	trace
Ar	0.00023	trace	trace	trace
Ca	0.00018	⑤ 2.8	⑦ 0.0062	⑤ 0.23
Na	0.00017	⑥ 2.2	④ 0.28	⑧ 0.074
P	0.000025	0.00014	0.0000014	⑥ 0.13
Cl	0.000016	0.015	③ 0.33	⑩ 0.032
K	0.000011	⑨ 0.55	⑧ 0.0060	⑨ 0.037

†1　trace は痕跡量. ①～⑩はそれぞれの環境での順位.
†2　四捨五入して有効数字2桁としたため, 合計が 100 になるとは限らない.
1) 国立天文台編, "理科年表 2022", 丸善 (2022), p. 141 をもとに計算.
2) M. Gargaud *et al.* (Ed), "Encyclopedia of Astrobiology", 2nd Ed., Springer (2015), pp. 2701-2703 をもとに計算.
3) 日本生化学会編, "生化学データブック", 東京化学同人 (1979), p. 1536 をもとに計算.

べて人体の元素組成との類似性が高い[*1]. これらのことから，"38億年前に生命は誕生したが，そのふるさとは海である"ということが古くから言われてきた.

　それでは，生命が誕生した海はどのような環境だったのだろうか. 原始大気や宇宙で生成した有機物が溶け込んだ海水は，**原始スープ**とよばれることが多い. それは冷たいビシソワーズスープだったのだろうか，それとも，温かいポタージュスープだったのだろうか. かつて，原始スープのことをぐつぐつと煮えくりかえるスープと考える研究者はあまりいなかった. また，アミノ酸がつながってペプチドになるには，脱水縮合[*2]という水が離脱する反応が必要なので，浅い海で潮の満ち干により干潟になるような環境を考える研究者も多かった. このイメージが1970年代のある潜水艇による大発見で大きく変わった.

2・5・2　海底熱水噴出孔

　1977年に，米国海軍が所有する潜水艇アルヴィン号が南米エクアドルのガラパゴス諸島沖の東太平洋海底を探査していたときに，水深2600mの海底から煙突のようなものが突き出し，黒く濁ったものを噴き出しているところ（海底熱水噴出孔）を発見した. 噴き出しているものは海水で，その温度は300℃を超えていた. 水の沸点は1気圧では100℃だが，高圧の場合には300℃でも液体の状態を保つことができる.

　この熱水は，海底の割れ目から浸み込んだ海水がマグマの熱で急速に加熱され，密度が小さくなって上昇し，通常の冷たい海水に噴き出しているものとわかった. また，マグマから水素，メタンなどの"還元的なガス"が供給され，まわりの岩石中の金属イオンが溶け出すので，生物が必要とする微量金属元素も多量に含んでいた. このような環境では，マグマによる急加熱と冷海水による急冷のセットにより，通常の化学反応では生成しえない複雑な有機物の生成が期待できる.

　さらに，DNAの解析などによる生物進化をさかのぼる研究で，地球上のすべての生物は一つの共通の祖先から進化したことがわかった. この**最後の共通祖先**（LUCA: Last Universal Common Ancestor）は現存していないが，これと遺伝子が似ているとされる現存生物として，100℃前後の高温下で最もよく繁

[*1]　地球生物が必要とする Fe, Zn, Mo などの金属元素は，海水中でも必須ではない元素よりも一般的に濃度が高いことがわかっている（詳細は参考図書1の第5章参照）.

[*2]　2個の分子がそれぞれ水素原子とヒドロキシ基（−OH）を失って水分子が離脱して縮合し，新たな化合物をつくる反応を**脱水縮合反応**という.

殖する**超好熱菌**がいる．このことは生命がきわめて高温の場所で誕生した可能性を強く示唆している．つまり，生物学的にみても，海底熱水噴出孔に隣接する環境が生命誕生の場として有力視される．

2・6　非生命から生命へ

　一方，生命の起源の材料となるアミノ酸などの有機物が，星間環境などで誕生していることがわかってきた．しかし，単なる有機物と生命との間には大きなギャップがある．いかにして，非生命は生命になったのだろう．

2・6・1　RNAワールド

　コラム（p.16）で説明したように（3章も参照），地球生命は膜に包まれた"細胞"内で，タンパク質と核酸との相互作用によって維持されている．タンパク質でできている酵素は生体内反応（代謝）を制御しているが，酵素のような機能をもつタンパク質をつくるためには，正しい順序でアミノ酸をつなぐ必要がある．このアミノ酸の順番は核酸塩基の配列で指定されている．つまり核酸がもつ"情報"によって，タンパク質は合成される．しかし，核酸も有機物なので，それを正しく複製するために，DNAポリメラーゼなどのタンパク質酵素が必要である．つまり，生命を維持するためには，情報を担う核酸と，代謝をつかさどるタンパク質がそろっている必要がある．しかし，両者とも化学構造が複雑な高分子であり，このような複雑な分子が一つならず，二つも同時にできるとはとても考えにくい．そこで，どちらが先にできたのかという論争が起こった．

　ここで注目されたのがRNA（リボ核酸）である．RNAには，メッセンジャーRNA（mRNA），転移RNA（tRNA），リボソームRNA（rRNA）などさまざまな種類があることが知られていた．当初は，RNAはDNAの情報をタンパク質に渡すだけのものと考えられてきた．しかし，1977年にコロラド大学のチェック（T. R. Cech）らは，触媒機能をもつRNA（リボザイム）が存在することを発見した．その後，さまざまなリボザイムが次々に発見されたことから，"生命は，最初，情報と触媒機能をもつRNAのみを用いて誕生し，その後，触媒機能はタンパク質に譲り渡し，情報を長期間安定に保存するためにDNAをつくっ

た"というシナリオが考えられた. このような RNA のみからできた生命が活
躍した世界は **RNA ワールド**とよばれる. 分子の機能の面からみると, 非常に
わかりやすい説であり, 分子生物学者の多くはこの RNA ワールド説を支持し
ている.

2・6・2　ゴミ袋ワールド

　RNA ワールド説の泣きどころは, RNA という分子がタンパク質と比べても
かなり複雑なので (§2・2・2参照), 原始地球上で勝手に誕生したと考えるこ
とは非常に難しい点である. たとえば, 図2・5で示した"生命起源の古典的
シナリオ"は, 化学反応が段階的に進むと考えた説であり, 高濃度の出発材料
のみを使えば, 各ステップの反応が試験管内で起こることが一部確かめられて
いる. しかし, 地球というとてつもなく巨大なフラスコの中で, さまざまな物
質が混じり合っている状態で, 目的の反応のみが起こる保証はない. また, 生
命という非平衡系の誕生に, 化学平衡の考えを適用することも問題である (5
章参照).

　英国生まれの米国の理論物理学者ダイソン (F. J. Dyson) は, RNA のような
機能の高い分子がいきなりできるのは難しいと考え, その前の段階として**ゴミ
袋ワールド**を提案した. 原始海水中には, 雑多な分子が供給されたと考えられ
る. また, 水の中に疎水的な有機物を入れると, 互いに集まって凝集体をつく
るが, リン脂質のような部分的に親水的, 部分的に疎水的な分子によって袋の
ようなものができる. ダイソンは, このような有機物の袋の中に, さまざまな
有機物や無機イオンが詰め込まれたものをゴミ袋にたとえた. この袋の中身は
ほとんど機能をもたない"はずれ"もあるが, なかには"当たり"のもの, つ
まり, わずかでも機能のある分子を含むものも少なからずある. "ゴミ袋ワー
ルド説"は, RNA のような洗練された分子が生まれたのではなく, まずは,
できやすい分子のなかで, 少しでも機能をもった分子が淘汰によって残り, そ
れを用いた代謝システムができたとする説である.

2・6・3　その他のワールド

　"ゴミ袋ワールド説"のほかにも, 海底熱水噴出孔近くの金属硫化物の表面
でさまざまな反応がネットワーク的に起こり, 原始的な代謝系ができたとする
ドイツのヴェヒターズホイザー (G. Wächtershäuser) の**金属硫化物 (パイラ**

イト）ワールドなど，数多くの説がある．しかし，生命の起源の研究の最大の問題は，生命が誕生した当時の物質や，最初の生命が残されていないことである．それでは，生命の起源は検証できない永遠の謎なのだろうか．

われわれは，宇宙にある無数の星を調べることにより，太陽が46億年前にどのようにして誕生し，どのようにして現在の太陽にまで進化し，さらに，この後どうなっていくかについて知識を得てきた（1章参照）．同じように，宇宙にヒントを探すことが生命の起源についても可能であることを，次節で説明する．

2・7　太陽系での生命起源

20世紀後半に始まった惑星探査によって，これまでに，探査機が太陽系のすべての惑星やそれらのおもな衛星，準惑星の冥王星，小惑星，彗星を訪れた．その結果，生命の素になる有機物が存在する天体や，生命が存在する可能性のある天体が次々と見つかった．それらの探査の結果が生命起源の研究にどのような影響を与えたかを考えてみる．

2・7・1　化学進化の痕跡

小惑星の一部や彗星にさまざまな有機物が含まれていることや，これらの有機物が隕石などの形で地球に届けられた可能性については，§2・4・1で説明した．これらの探査は欧米や日本で進められている．

惑星，衛星のなかで，特に有機物が豊富に存在する天体が，土星の最大の衛星である**タイタン**である．1981年にタイタンを訪れた米国の探査機ヴォイジャー1号は，タイタンには窒素を主成分とし，メタンを副成分として含む濃厚（地表で1.5気圧）な大気が存在することを見いだした．そして，窒素とメタンにさまざまなエネルギーが加わって，複雑な有機物から生成した"もや"がタイタンを覆っていることがわかった．2005年には，欧米共同の探査機カッシーニが再びタイタンを訪れ，タイタンの極地方に湖があることを確認した．タイタンの地表温度は－179℃(94 K) であり，その温度でも液体で存在できるメタン，エタンが湖水の主成分である．大気中で生成した有機物がメタン，エタンの湖水に溶け込み，さらなる化学進化を遂げている可能性があり，2030年代に予定されているNASA（米航空宇宙局）のドラゴンフライ計画などによって，

天体上での化学進化を実証できることが期待される.

2・7・2　生命探査

　地球外生命と聞いて, 多くの人が想像するのは"火星人"だろう. 19世紀にイタリアの天文学者スキャパレリ (G. V. Schiaparelli) が, 火星表面に筋のようなものがあることを発表し, 火星人が運河をつくったのではないかと想像された. 20世紀の後半になって火星探査が進むと, 運河はなく, 火星表面は乾燥しており, 高等生物の存在は難しいことがわかった. しかし, 微生物存在の可能性はひき続き検討された.

　1976年, 米国の探査機ヴァイキング1号, 2号が火星に軟着陸し, 生命の探索を行ったが, その証拠は見つからなかった. しかし, 1996年に, 火星から飛来した隕石 ALH84001 を分析した米国の科学者らは, そこに過去の火星生命の痕跡が見つかったと発表し, これをめぐって大論争が起こった.

　生命が存在するためには, 液体の水, 有機物, エネルギーが必要とされる. 特に液体の水が存在するためには, 1気圧の大気下では 0〜100 ℃ の温度環境が必要である. 恒星の周辺において十分な大気圧がある環境下, 惑星の表面に液体の水が存在できる温度をとりうる領域を**ハビタブルゾーン**という. 太陽系において, 地球はハビタブルゾーンの中にある. 一方, 火星は基本的に表面温度が 0 ℃ 以下のことが多く, ハビタブルゾーンの外とみられてきた. しかし, その後の探査で, 過去の火星には大量の液体の水があったこと, その一部は火星の地下に氷として存在し, 条件によっては液体にもなりうることが示唆された. 火星の表面は, かつて存在した水が紫外線で分解してできた過酸化物が多いため, 生命の生存には適さないが, 地下はある種の地球微生物でも生存可能な環境とされている. 今後の地下の生命探査に期待したい.

　木星や土星は太陽系のハビタブルゾーンのはるかに外側にあることから, 生命の存在の可能性は低い. しかし, それらの衛星のなかに興味深いものが見つかってきた. たとえば, 木星の衛星のエウロパである. 木星, 土星の衛星の多くは極低温のために, 表面が水の固体である氷で覆われている. エウロパの表面も氷だが, 探査の結果, その氷の下には水が液体で存在することがわかった. 同様に, 米欧が協力して打上げた探査機カッシーニの観測によって, 土星の衛星のエンケラドゥスでは液体の水が有機物とともに宇宙に噴き出しているのが発見された. これらの天体では, 氷の下に何らかの熱水活動があり, 液体の水

が存在し，太陽光に依存しない化学合成細菌が存在する可能性が議論されている．従来，ハビタブルゾーンは，惑星表面の環境だけを考えたものであった．しかし，氷の下などに“ダークハビタブルゾーン”があることを考えると，太陽系のハビタブルゾーンの領域は，これまで考えられていたよりもはるかに広範囲になるとみられる．

2・8　これからの生命の起源の解明

　生命の起源の解決のためには，天文学から生物学まで，さまざまな学問分野の研究者の協力が必要である．生物はタンパク質や核酸などの“物質”でできていることから，生命の起源の研究のなかで化学者の果たす役割は大きい．現在までに，生命の素材となる有機物（アミノ酸など）が宇宙環境などで比較的容易に生成することがわかってきた．しかし，非生命から，いかにして生命となったかという肝心な点の解明はまだまだ先のようだ．惑星探査により，新しい事実が次々と見つかっており，生命の起源のシナリオも刻々と塗り替えられている．生命起源の解明のためには，本や論文に書かれているような，これまでに常識とされてきたような考えを疑ってみることも必要である．たとえば，図2・5で示したような化学進化に基づく“生命起源の古典的シナリオ”は，今でも多くの本に引用されているが，とても原始地球で起こったとは考えられない．今後の惑星探査の結果を待たなければならないことも多い．これからの若い研究者の参画が望まれる分野である．

参考図書など

1) “生命の起源: 宇宙・地球における化学進化”，小林憲正 著，講談社 (2013).
2) “アストロバイオロジー”，山岸明彦 編，化学同人 (2013).
3) “地球外生命”，小林憲正 著，中央公論新社 (2021).

3

人類の誕生と遺伝子

3・1 はじめに

　地球が誕生したのは今から46億年前（1章参照），最初の生命が誕生したのは38億年前の海の中だった（2章参照）．初期の生物は単細胞の**原核生物**だったが，太陽エネルギーと水，そして原始大気中に豊富にあった二酸化炭素を利用して光合成（4章参照）を行うシアノバクテリアが生まれ，光合成で放出される酸素ガスを利用する微生物，**真核生物**，多細胞生物が順に誕生した．これらの進化は海の中で起こったが，光合成で放出された酸素と紫外線の反応により成層圏にオゾン層が形成されると，紫外線の照射量が激減して地上でも生物がすめるようになり，5億年前に陸生**植物**が出現した．一方，海の中では，葉緑素をもたなかった真核生物は栄養を得るために運動能力を発達させて進化し，**動物**が誕生していた．そして，地上の環境がすみやすくなると，植物に続いて節足動物などの無脊椎動物が上陸し，進化を続けた．恐竜が2億3000万年前に登場したが，6500万年前に忽然と消えた．恐竜時代の後，小型の哺乳類や鳥類，爬虫類などが繁栄した．

　人類の先祖である霊長類は，恐竜絶滅の少し前に出現したと推測されている．700万年前に二足歩行の猿人が登場し，20万年前に唯一の現生人類であるホモ・サピエンスが登場した．ここでは，**ホモ・サピエンス**のことを"ヒト"とよぶ．ヒトのゲノムは30億の核酸塩基対からなるDNA二本鎖でできている．その全配列を解析するヒトゲノムプロジェクトは1990年に始まり，2003年には完成版が公開された．そこにはヒトの全遺伝子の99％もの配列が含まれている*．

　遺伝子は人類にとって三つの役割を担う．まず，人類は存続していくために

　＊　2022年にS. Nurkらは，従来は解析が困難であった領域を含む，さらに完全なヒトのゲノム配列を発表した〔*Science*, **376** (6588), 45–53 (2022)〕．

自分の性質を正確に子孫に伝えなければならない．遺伝子は子孫に性質を伝える遺伝の物質的基盤となる．次に，遺伝子のもつ情報は，状況に応じて使い分ける必要がある．それぞれの遺伝子がもつ情報は必要に応じて活性化され，状況に適応した細胞の分化をもたらす．最後に，人類の進化における遺伝子の役割も重要である．遺伝子の変異によるゲノムの分子進化が，ヒトへの種の分化をもたらした．ここでは，遺伝，細胞分化，遺伝子変異，進化の四つの観点で，人類と遺伝子の関係をとらえてみる．

3・2 遺 伝 と DNA 複 製

3・2・1 親から子どもに性質を伝える物質として，遺伝子が存在する

　遺伝のメカニズムは，食料を豊かにするための品種改良との関連から，畜産業や農業において研究されてきた．なかでも 1860 年代に行われた有名なオーストリアのメンデル（G. J. Mendel）の実験で，エンドウの色やシワなどの性質が，独立，分離して伝わることが示されたことから，"世代を越えて性質の情報を運ぶ単位"として遺伝子が仮定された．エンドウの色や形などを**形質**といい，それぞれの形質がもつ黄色か緑色か，丸いかシワが寄っているかなどの特徴を**表現型**という．ある生物個体がもつ遺伝子の構成を意味する**遺伝子型**がそれぞれの表現型に対応し，世代を越えて性質が遺伝するのは親から子へ遺伝子が受け継がれるためだと考えられた．しかし，遺伝子や遺伝子型の実体は明らかでなかった．

3・2・2 遺伝子の本体は二重らせん構造の DNA である

　遺伝子が物質として存在することは，1920 年代になって，英国のグリフィス（F. Griffith）が細菌を用いた実験で初めて証明した．肺炎をひき起こす肺炎球菌（S 株）を殺した後，その死骸を動物に投与しても肺炎を起こさない．しかし，S 株の死骸と肺炎を起こさない肺炎球菌（R 株）を混合して感染させると，動物が肺炎を起こした．この結果は S 株の死骸が R 株の性質を変えたことを示しており，形質を伝える遺伝子が物質として存在することを証明した．その遺伝子が DNA であることは，タンパク質と DNA だけで構成される単純なウイルスの T2 バクテリオファージにおいて，DNA だけが子孫に伝わることから証明された．

　しかし，DNAはアデニン（A），チミン（T），グアニン（G），シトシン（C）を塩基としてもつ4種類のヌクレオチドがつながった比較的単純な構造のため（2章参照），多様な表現型の情報をどのように保持し，子孫に伝えるかは不明だった．その頃，英国のウィルキンズ（M. H. F. Wilkins）とフランクリン（R. E. Franklin）が単結晶X線回折法によって，結晶化したDNAが“らせん構造”をとることを報告した．また，米国コロンビア大学のシャルガフ（E. Chargaff）がDNAを構成するAとT，およびGとCは常に同数存在することを報告した．化学者がもたらしたこれらの知見から，1953年に米国のワトソン（J. D. Watson）と英国キャベンディッシュ研究所のクリック（F. H. C. Crick）は，DNAが2本のヌクレオチド鎖からなること，それぞれの鎖のAとT，およびGとCが水素結合をつくって，相補的な二重らせん構造をとること（図2・4参照），さらに，この構造が遺伝のメカニズムと深くかかわっていることを明らかにした．

3・2・3　DNAの複製と細胞分裂が遺伝をもたらす

　1960年代に入り，米国のニーレンバーグ（M. W. Nirenberg）らは，DNAを構成するヌクレオチドの4種の塩基の並び順が遺伝子の情報（遺伝子型）を保持し，その情報がアミノ酸の並び順へ変換されてタンパク質が合成されると，表現型が発現することを明らかにした．したがって，親の表現型が正確に子に遺伝するには，DNAの遺伝子型を正確に複製して伝える必要がある．DNAを構成するヌクレオチドは上述のように決まった塩基どうしで水素結合を形成するため，片方のDNA鎖の塩基配列が決まれば，もう片方のDNA鎖の塩基配列は一義的に決まる．したがって，遺伝子の複製では，図3・1に示すように，まずDNAの二重らせん構造を解いて2本の一本鎖とし，次にそれぞれの鎖を鋳型として，AにはTを，GにはCを配置した新たなヌクレオチドを結合する．そうすると，全く同じヌクレオチドの塩基の並び順（遺伝子型）をもつ二本鎖DNAのコピーを作製できる．このような**半保存的複製**では，でき上がったDNA鎖の片方はもとのDNA（**鋳型鎖**）に由来し，もう片方は新たに合成されたDNA（**合成鎖**）となる．

　DNAの複製でつくられた同じ遺伝子型をもつ二つの遺伝子は，ひき続いて起こる細胞分裂によって二つの細胞に一つずつ分けられる．その結果，親と同じ表現型が正確に娘細胞に遺伝する．高等生物の遺伝では，生殖細胞において

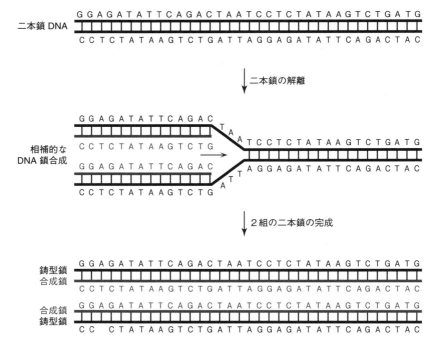

図 3・1 DNA の半保存的複製

　正確に複製された遺伝子が，減数分裂と有性生殖を経て子孫に伝えられる．細胞分裂のときに，まれに複製された DNA が均等に二つの細胞に分配されない場合がある．その結果，生まれた細胞の片方では遺伝子の情報が失われ，もう片方では遺伝子の情報が過剰になり，いずれも正常な表現型を示せない．生殖細胞でこのような不分離が染色体で生じると，ダウン症候群などの疾患の原因となる．

3・3 発現と細胞分化

3・3・1 遺伝子領域と非遺伝子領域を合わせたものがゲノムである

　ヒトの DNA は約 30 億個のヌクレオチドがつながってできていて，形質を決めるタンパク質の情報をもつ遺伝子領域とタンパク質の情報をもたない非遺伝子領域に分けられ，この両者を合わせたものがゲノムである（図 3・2）．非

遺伝子領域の半分は同じヌクレオチドの並びを繰返す反復配列からなり，残りの半分は反復配列ではないもののタンパク質情報ももたないユニーク配列からなる.

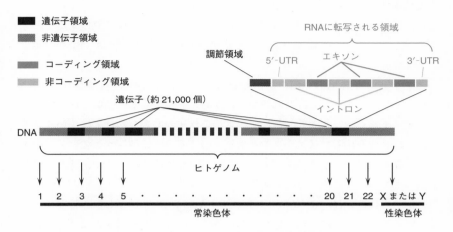

図 3・2 ヒトゲノム，染色体と遺伝子の構造

一方，遺伝子領域に含まれる個々の遺伝子は，DNA から RNA への転写を制御する調節領域と実際に RNA に転写される領域とからできている. さらに RNA に転写される領域は，タンパク質の情報をもつエキソンに相当する部分（コーディング領域）とエキソンを分断するイントロン，RNA の上流に存在する 5′-UTR，下流に存在する 3′-UTR に相当する部分（非コーディング領域）からなる（図3・2 右上）.

タンパク質の情報をもつコーディング領域はゲノム全体の 1.5 ％ほどしかなく，残りの 98 ％以上はタンパク質の情報をもたない非遺伝子領域や遺伝子の中の非コーディング領域である. 近年，これらの領域は情報をもたない"ジャンク領域"ではなく，コーディング領域の機能調節や生物の進化において，重要な役割をもつことがわかってきた（§3・5・2 参照）.

ヒトゲノムの DNA の全長は約 2 m もあるため，23 個に分割され，ヒストンタンパク質に巻き付いてヌクレオソームをつくり（図3・4a 参照），さらに凝集してそれぞれが 1〜22 番の常染色体と性染色体に分配され，数 μm の核内に収納されている.

3・3・2　必要なときに，必要な場所で，必要な遺伝子から
タンパク質をつくる

　真核細胞では，遺伝子の調節領域（図3・3）は**プロモーター領域**と**シス調節配列領域**とからなる．プロモーター領域は原則としてコーディング領域の直前に位置する．シス調節配列領域はプロモーター領域の直前に位置することもあるが，コーディング領域の両側にまたがって遠く離れたDNA上に存在することも多い．

　ヒトゲノムは約21,000個の遺伝子を含み（図3・2参照），複製されたDNAは等しく子孫の細胞に分配されるため，からだをつくるどの細胞も同じ全遺伝子のセットをもつ．しかし，常にすべての遺伝子が必要なわけではない．必要なときに必要な場所で必要なタンパク質をつくるように調節されている．たとえば，糖を合成する糖新生*の酵素の遺伝子は空腹時にだけ活性化され，消化酵素のペプシンの遺伝子は胃の細胞でのみ活性化される．

　遺伝子の活性化は，DNAのヌクレオチド配列をRNAに写し取る**転写**で始まる（図3・3）．その後，得られたmRNA前駆体に安定性や輸送の調節のために5′端にキャップ，3′端にポリAテールを付ける修飾，イントロンに相当する

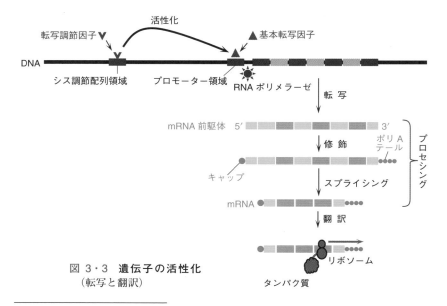

図3・3　遺伝子の活性化
（転写と翻訳）

---

*　ピルビン酸や乳酸など，糖質以外の物質からグルコースを生産する手段，経路のこと．

部分を取除いてエキソンのみをつなぎ合わせるスプライシングなどのプロセシングを経て，mRNA が完成する．mRNA の塩基の並び順に変換された遺伝子型は，リボソームで塩基の並び順にアミノ酸をつなぐ翻訳によってタンパク質へと変換され，細胞の表現型として発現する．

3・3・3　転写調節とエピジェネティック調節が，時と場所に応じて遺伝子を決める

　DNA の転写は遺伝子型から表現型への流れの最上流に位置する（図 3・3 参照）．したがって，転写段階での遺伝子発現の調節が細胞の分化を最も効率よく制御できる．プロモーター領域に基本転写因子と RNA 合成酵素（RNA ポリメラーゼ）が結合すると，直後の塩基から順番に，DNA を RNA へと転写していく．シス調節配列領域に**転写調節因子**とよばれるタンパク質が結合すると，プロモーター領域から始まる転写の速度が制御される．転写調節因子には，転写を促進する**アクチベーター**と抑制する**リプレッサー**が存在する．したがって，転写調節因子の種類によって特定の遺伝子活性化による細胞分化が調節されるため，作用する転写調節因子を変化させることにより，個々の細胞を環境変化に適応させることが可能である．

　最近，細胞を分化させる新たなメカニズムが注目を集めている．転写の開始には，基本転写因子や RNA ポリメラーゼ，転写調節因子が DNA 上の遺伝子に接近することが必要である．そのために，遺伝子の活性化は DNA の立体構造と密接に関係する．DNA の立体構造を制御する機構は二つある．一つ目の機構は**ヒストンの化学修飾**である．§3・3・1 で述べたように DNA はヒストンに巻き付いたヌクレオソームとして存在しているが，ヒストンをつくるタンパク質の C 末端，N 末端がメチル化やアセチル化されるとヒストンにひずみが生じ，DNA の巻き付き方が変化する（図 3・4a）．

　その結果，ひずんだ箇所の近傍に巻き付いた遺伝子の活性が変化する．**ヘテロクロマチン**とよばれる染色体領域では，広範囲にわたるヒストンの化学修飾によって DNA が固く凝集した構造をとるために，遺伝子の転写が強く抑制される．女性（性染色体 XX）の細胞がもつ 2 個の X 染色体のうちの 1 個は，全体がヘテロクロマチンとなって**不活性化**しており，X 染色体にある遺伝子の発現が男性（性染色体 XY）の 2 倍になることを防いでいる．

　DNA の立体構造を制御する二つ目の機構は，DNA 自体の化学修飾である

（a）ヒストンの化学修飾　　　（b）bヌクレオチドの化学修飾

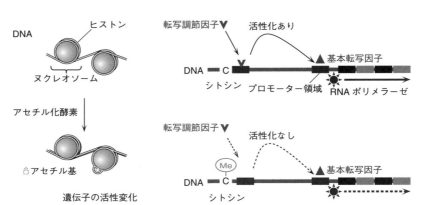

図 3・4　**DNA の 立 体 制 御**

（図 3・4b）．プロモーター領域の近くには，**CpG アイランド**とよばれるシトシン（C）とグアニン（G）が多い領域が存在する．CpG アイランドの C がメチル化されると転写調節因子が接近しづらくなり，その領域の遺伝子の発現が抑制される．**DNA メチル化**は，ヒストンの化学修飾とも密接に関連し，相乗的に遺伝子発現を調節している．がん細胞では正常細胞とは異なるパターンの DNA メチル化が起こり，遺伝子発現の異常ががん化をもたらすこともわかっている（§8・2 参照）．

　細胞が分裂すると細胞質も二分割されるため，細胞内の転写調節因子の濃度は半分に減少する．そのため，転写調節による遺伝子活性化は世代を越えて伝わりにくく，環境に応じて素早く可逆的に細胞機能を調節する意味合いが強い．一方，ヒストンや DNA の化学修飾は，細胞分裂後の娘細胞にも受け継がれる．ゲノムの変化は伴わないが，世代を越えて永続する細胞分化の記憶を刻むことから**エピジェネティック（後成的な遺伝）調節**とよばれている．単細胞のヒト受精卵が 37 兆個*の細胞でできた成体になるまでに，転写調節やエピジェネティック調節が時と場所に応じて働き，胞胚から二胚葉，三胚葉を経て，上皮組織，結合組織，筋組織，神経組織が組合わさったさまざまな臓器へと分化する．

　＊　成人の体をつくる細胞は 60 兆個といわれてきたが，細胞数の推計法が改良され，2013 年の E. Bianconi らの論文〔*Annals of Human Biology*, **40**（6），463-471（2013）〕で 37 兆個とされている．

3・4 遺伝子変異と修復

3・4・1 外界からの変異原と DNA 複製が恒常的に DNA の変異を起こす

生物は遺伝子を正確に複製することで子孫に形質を伝え，遺伝子の活性を厳密に調節することで環境に適応した細胞分化を起こす．一方，環境中の物理因子や化学因子は細胞にさまざまな負荷を与え，巧妙に組立てられた細胞の構造や機能を傷害する**変異原**が存在する．紫外線や放射線，合成化学物質や活性酸素は，細胞膜を構成する脂質や細胞内で働くタンパク質を変性させる．細胞をつくるこれらの有機化合物は，傷害を受けても遺伝子の情報をもとに，新たに再構築できる．

しかし，DNA が傷害されてヌクレオチドの配列に異常が起こると，修復に用いる情報が変化するために，もと通りにすることはできない．このような DNA 変異は細胞外の変異原によって起こるだけではなく，遺伝の本質である **DNA 複製**でも起こる．DNA 複製は化学反応であり，10^7 回に 1 回の確率で複製の誤りが生じる．ヒトの DNA は 30 億個のヌクレオチドで構成されているので，後述する修復機械がないと 1 回の複製によってゲノムの 300 箇所で誤った塩基対がつくられることになる（§5・3 参照）．

3・4・2 正確な情報を維持するためにさまざまな修復系が存在する

細胞外の変異原や細胞内の複製の誤りによって DNA 配列が変化すると，誤った情報が子孫に遺伝する可能性がある．DNA 上のコーディング領域はゲノム全体の 1.5 ％にすぎないので，DNA 変異がタンパク質の変化をもたらす確率は低い．しかし，大部分を占める非コーディング領域も遺伝子発現の調節などの役割を担っているため（§3・3・1 参照），この領域の変異も細胞分化に異常をもたらす可能性がある．そこで，細胞はさまざまな方法で DNA 変異に対処する．変異原による傷害に対しては，DNA 修復系を用いた**除去修復**によって修復を行う．DNA は相補的な 2 本のヌクレオチド鎖でできているため，片方のヌクレオチド鎖に異常が起こってもその部分を切取り，もう片方のヌクレオチド鎖を鋳型として修復することができる（図3・5a）．DNA 複製の誤りに対しても，誤対合*修復系が誤り部分を見つけて修復することで，誤りの確

---

* アデニンには必ずチミンが，グアニンには必ずシトシンが水素結合するはずだが，誤った対になることもある．これを**誤対合**という．

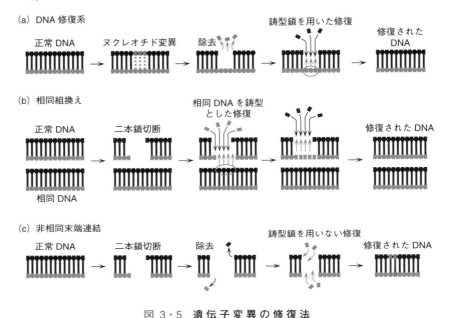

図 3・5　遺 伝 子 変 異 の 修 復 法

率を 10^9 個のヌクレオチド複製につき 1 回にまで減少させる.

　一方，DNA 修復では正常な DNA 鎖を鋳型として用いるので，鋳型鎖も傷害されると修復できない. その例が**二本鎖切断**である. その場合，細胞は同じ染色体を 2 本ずつもつため細胞はヌクレオチド配列が同じ相同 DNA 鎖を鋳型として利用し，**相同組換え**とよばれる複雑な機構で修復を行う（図 3・5b）. しかし，素早い修復が必要な場合には，断端のヌクレオチドを結合しやすいように加工して再結合する**非相同末端連結**で修復する（図 3・5c）. 非相同末端連結は鋳型鎖を用いない修復なので，ヌクレオチド配列が変化して，コーディング領域の遺伝子情報や非コーディング領域の遺伝子発現の調節情報が書き換えられてしまう可能性がある. したがって，二本鎖切断は，正確な形質の遺伝と厳密な細胞分化という DNA の基本機能を損う最も危険な DNA 傷害となる.

　DNA 傷害が修復されずに遺伝子情報や発現調節の情報が変化した細胞は，周囲の正常細胞と協調がとれないがん細胞に変化する可能性がある（8 章参照）. 生存を脅かすがん細胞が生じないように，二本鎖切断を起こした細胞は細胞分裂を止めて，修復を試みる. しかし，修復が不可能な場合には，異常な

遺伝情報をもった細胞はプログラムされた細胞死である**アポトーシス**を誘導し，自らを排除する．

3・4・3 トランスポゾンは大掛かりな遺伝子のシャッフルを起こす

複製の誤りや変異原による DNA の配列変化は，1 個から数十個のヌクレオチドの小規模な変異であることが多い．しかし，ゲノムにはさらに大規模な異常が起こる場合がある．たとえば，ウイルスは DNA または RNA とタンパク質からなる単純な構造をもち，単独では自分のコピーを増やせない．そのために細胞に感染してその中に侵入し，細胞の代謝系を利用してゲノムを複製してコピーを増やす．ある種のウイルスは，自身の DNA や逆転写によって RNA からつくられた DNA を，侵入した細胞のゲノムに挿入することがある（図3・6）．このようなウイルスの性質は遺伝子導入や遺伝子組換えの手段としても使われるが，ウイルスが感染した細胞ではゲノムの情報が書き換えられてしまうことにもなる．

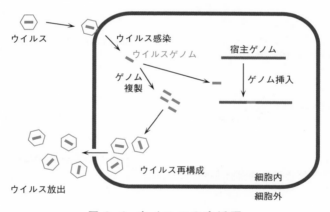

図 3・6 ウイルスの生活環

ゲノムの中にはウイルスと似た機構でゲノムを改変する**転位因子**（**トランスポゾン**）とよばれる配列が多数存在する．トランスポゾンは自身の DNA を切出したり，転写して生じた RNA から DNA を逆転写したりする．これらを遺伝子に挿入することにより，トランスポゾンはゲノム内を移動することができる（図3・7）．また，ヒトゲノムの反復配列の大半はこのようなトランスポゾンで占められており，遺伝子やエキソンが同じトランスポゾンで挟まれている

場合も多い．そのためにトランスポゾンを利用した相同組換えが起こると，**遺伝子重複**が起こる．さらに，トランスポゾンに挟まれたエキソンが切出されて移動すると，**エキソン組換え**が生じる（図3・8）．

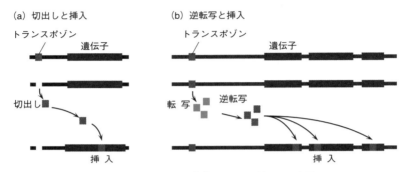

図 3・7　トランスポゾンによる遺伝子の変異

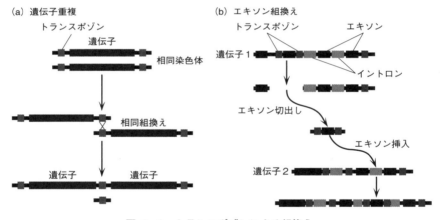

図 3・8　トランスポゾンによる組換え

3・5　ヒトへの進化

3・5・1　DNA の変異が分子進化によって種を形成する

　さまざまな修復機構を備えているにもかかわらず，環境中の多くの変異原やゲノム内のトランスポゾンのような DNA 配列の撹乱因子によって，DNA には常に変異が生じてきた．DNA 変異によって遺伝子の遺伝子型が書き換えられ

ると，転写，翻訳によってつくられるタンパク質の表現型も変化する可能性がある．その結果，タンパク質の機能が生存に不利になると，個体は子孫を残す確率が減って集団から排除される．一方，DNA の変異で生存に有利な変異が起こると，その個体は子孫を残す確率が増えて集団内で数を増やす．このような**自然選択**によって選択された遺伝子が集団全体に広がり，種としてのゲノムがつくり上げられることを**分子進化**という．

　しかし，DNA 上のコーディング領域は短く，またコーディング領域でもタンパク質の機能を担う重要なアミノ酸に対応するヌクレオチドは限られている．したがって，DNA に生じた多くの変異は自然選択に対しては中立的で，このような変異は集団の個体数が減少したときなどに，**遺伝的浮動**（無作為抽出の効果）で偶然に選択される．現在では，生物集団全体に表現型に影響を与える機能的な変異の自然選択と表現型には影響しない中立的な変異の遺伝的浮動による選択の両方が行き渡ったときに，分子進化が起こると考えられている．

3・5・2　現生生物の DNA を調べることにより，系統樹を構築できる

　現存する生物のゲノム中には進化の過程で生じたさまざまな DNA 変異が蓄積されており，それらの解析によって分子進化に基づいた種分化の**系統樹**を作成できる．タンパク質の機能に影響しない中立的な変異は，自然選択されずにゲノム中に残る可能性が高いため，種分化が起こった時期を知るための**分子時計**としても利用できる．またヌクレオチド配列の比較によって，生存していない**共通祖先（ミッシングリンク）**のゲノムも推測できる．たとえば，ヒトとチンパンジーの共通の祖先は現存しないので，実際にゲノムの解読はできない．しかし，ヒトとチンパンジーのゲノムを比較し，両者で異なる配列にさらに古い時代に分岐したゴリラのゲノム配列を取入れることによって，共通祖先のゲノムの復元が可能である（図 3・9）．

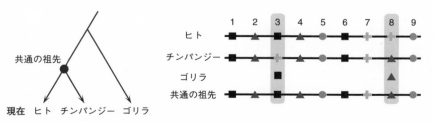

図 3・9　共通祖先のゲノムの復元

　複数種のゲノム全体を比較する研究は**ゲノムスキャン研究**とよばれ，効率よくヌクレオチド配列を読取るシークエンス技術や，最先端の情報科学の進歩によって発展してきた．ゲノムスキャン研究の結果，中立的な変異をもたらす非コーディング領域に DNA 変異が集積していることがわかった．しかし種間でDNA 配列がよく保存された非コーディング領域も見つかっており，タンパク質の情報をもたないことから**ジャンク領域**とよばれた非コーディング領域も，生物の生存に欠かせない重要な機能をもつ可能性が示されている．

　このようなゲノム全体の情報を解析する研究が進むにつれ，**遺伝子重複**が種分化に重要な役割を果たすことが明らかとなってきた．偶然につくられたヌクレオチド配列が機能するタンパク質をコードする可能性は低いため，既存の遺伝子を変化させたほうが効率よく新しい機能をもつタンパク質を合成できる．ヒトゲノムには，トランスポゾンによる遺伝子重複やエキソン組換えによってできた配列に，変異が加わった箇所が多数見つかっている．これらが新たな機能を獲得した場合には，もとの遺伝子とヌクレオチド配列が類似するために**遺伝子ファミリー***とよばれる．逆にヌクレオチドの変異によって機能を失った場合には，**偽遺伝子**とよばれる．また，単一の遺伝子の重複のみではなく，ゲノム全体の重複（**倍数化**）も，種分化の過程で起こった可能性が示されている．

3・5・3　ヒトへの進化をもたらした遺伝子は何か

　分子進化の観点から，ゲノムにおけるどのような変化がヒトへの進化をもたらしたのかを考えることも可能である．ヒトへの種の分化では，霊長類に属する共通の祖先から，現生する類人猿であるオランウータン，ゴリラの祖先が順次分岐し，約 600 万年前にチンパンジーの祖先が分岐して**ヒト亜族**となる（図3・10）．そこからさらに猿人とよばれるアウストラロピテクスが分岐して，**ヒト属**（ホモ属）が完成する．ヒト属も，ホモ・エレクトス，ホモ・ネアンデルターレンシス，ホモ・サピエンスなどに分岐する．これらはすべてヒト属であるが，現存していないホモ・エレクトス，ホモ・ネアンデルターレンシスなどは**原人**あるいは旧人とよばれ，現生人類として唯一生存しているホモ・サピエンスは**新人**とよばれる．

　進化の過程で，ヒトを他の類人猿やヒト亜族，ヒト属の種から分岐させた形

---

　*　一つの遺伝子の複製によって形成された，いくつかの類似遺伝子の組合わせを**遺伝子ファミリー**（§7・5参照）という．

質として，二足歩行や脳容積の増大，体毛の喪失，言語能力の発達など，さまざまな候補があげられている．これらをもたらすゲノムの変化を30億個のヌクレオチド対からなるヒトゲノムの全領域で探すのは困難なので，特にヒトの形質を記述した遺伝子領域を中心に，ゲノムスキャン研究が進められている．基本的な生命現象に関する遺伝子は多くの種にまたがって保存されているのに対し，ヒトへの種分化に関連する遺伝子は霊長類の進化に伴って急速に変異が蓄積している可能性が高い．

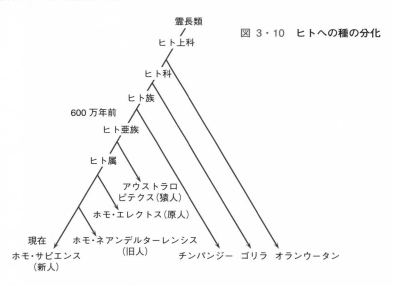

図 3・10　ヒトへの種の分化

　このようなヒトへの急速な変化をもたらした領域の多くは，免疫能や嗅覚などの化学受容体に関連する遺伝子だった．これらの遺伝子の変異は環境中で変化しやすい病原体や化学物質に対する適応であり，種分化との関連は低いようにみえる．ゲノムスキャン研究では，ヒトへの種分化を担う遺伝子を見いだしにくい原因として，メンデル遺伝のような単一遺伝子の変異ではなく，複数の遺伝子の変異が種分化をもたらす表現型の変化に関与している可能性が考えられている．また，ゲノムの大部分を占める非コーディング領域に含まれる調節領域の変異が，表現型の変化に大きな影響を与える可能性も示されている．

　一方，網羅的なゲノムスキャン研究とは逆に，ヒトにさまざまな疾患を発症する遺伝子やヒトに特徴的な形質に関連する遺伝子を標的とした**候補遺伝子研究**も行われている．生物学的な知見をもとに選んだ候補遺伝子を調べる候補遺

伝子研究からは，大脳皮質の体積が減少する小頭症関連遺伝子である ***ASPM***，***MCPH1***，言語能力と関連する ***FOXP2***，体毛の喪失と関連する皮膚の色を決める ***MC1R*** が，ヒトへの種分化に関連する遺伝子として浮かび上がっている．さらに 2022 年にノーベル生理学・医学賞を受賞したドイツのペーボ（S. Pääbo）が確立した旧人の化石からゲノムを回収する技術により，現生人類とネアンデルタール人（ホモ・ネアンデルターレンシス）を比較したゲノムスキャン研究が可能となった．その結果，脳の発生やそれを支えるエネルギー代謝，胸郭や頭蓋の形成に関連する遺伝子が，現生人類への進化と深く関連するヒトへの急速な変化をもたらした領域であることも示されつつある．

3・6 おわりに —— ゲノム解析に基づくヒトへの進化の検討

　これまで見てきたように，ヒトはヒトとして存続していくために，ゲノムを正確に複製して子孫に遺伝するとともに，遺伝子発現の調節による細胞分化で環境に適応してきた．遺伝子が変化すると遺伝や細胞分化が傷害されるため，遺伝子変異はさまざまな機構によって修正され，修正できないときには細胞死によって排除された．しかし，修正や排除を逃れて蓄積した遺伝子変異は，遺伝的浮動や自然選択によって新たな適応形質として集団全体に広がり，種の分化をもたらした．このような分子進化の観点から，ヒト誕生への道筋と遺伝子に関する新たな検討が始まっている．

参考図書など

1) "二重らせん"，J. D. Watson 著，江上不二夫，中村桂子 訳，講談社（2012）.
2) "細胞の分子生物学（第 6 版）"，B. Alberts ほか 著，中村桂子ほか 訳，ニュートンプレス（2017）.
3) "ゲノム革命 —ヒト起源の真実 —"，Y. E. Harris 著，水谷 淳 訳，早川書房（2016）.
4) "ネアンデルタール人は私たちと交配した"，S. Pääbo 著，野中香方子 訳，文藝春秋（2015）.
5) "遺伝子 — 親密なる人類史（上・下）"，S. Mukherjee 著，仲野 徹 監修，田中 文 訳，早川書房（2018）.

4

酸素循環の化学：
植物の光合成と動物の呼吸

4・1 はじめに

　山の空気は美味い．澄んだ空気は，体積割合で 0〜4％程度で変動する水蒸気を除くと，窒素 78％，酸素 21％，アルゴン 1％，そして，わずかに 0.04％の二酸化炭素を含む．この空気の成分は太古の昔からずっと同じだったわけではない．地球誕生時の 46 億年前頃の原始大気の大半は二酸化炭素で，微量成分として一酸化炭素，窒素，水蒸気などを含んでいた（1 章参照）．空気中の二酸化炭素を酸素に変えたのは光合成であり，それを行う細菌やシアノバクテリアなどの活動により 25〜27 億年前頃から酸素濃度が上昇した．

　現在の地球上の**酸素循環**は，植物の光合成による二酸化炭素から酸素への変化と，動物の呼吸などによるその逆の化学変化で成り立っている．本章では，酸素循環にかかわるこの二つの事象を通して，自然界の営みの巧妙な化学プロセスを解説する．

4・2 植物の光合成

4・2・1 太陽の恵み——光エネルギー

　われわれ生物は，太陽からいろいろな恵みを享受している．その最たるものはエネルギーである．太陽から放出されるエネルギーは毎秒 1×10^{23} kJ，このうち地球が受取るのは 1.8×10^{14} kJ 程度，1 年間では 5.7×10^{21} kJ になる．2018年の世界全体の 1 年間のエネルギー消費量は，石油換算で 143 億トン（＝1.43×10^{13} kg）と報告されている．そのエネルギーは，石油 1 kg の発熱量を 3.3×10^{5} kJ とすると，4.7×10^{18} kJ であり，太陽エネルギーの 1/1000 程度にすぎない．太陽エネルギーは莫大だが，人間が太陽光発電として直接，利用できてい

る量はほんのわずかである（p.159, 図 11・1 参照）.

4・2・2　光合成のしくみ —— 光化学反応と炭酸固定反応

　光合成は**葉緑体**（クロロプラスト）で行われ，その全反応過程は光化学反応と炭酸固定反応に大別される*（図 4・1）．**光化学反応**では光エネルギーを用いて，水の酸化と還元を別々に行う（§4・2・5〜§4・2・7 参照）．酸化により生じた酸素は大気に放出される．還元側では水中のプロトン（H^+）と電子2 個が酸化型ニコチンアミドアデニンジヌクレオチドリン酸（**NADP$^+$**）と反応して，還元型の **NADPH** が生じる．また同時に，アデノシン二リン酸（**ADP**）をアデノシン三リン酸（**ATP**）に変えて化学エネルギーを蓄える．一方，**炭酸固定反応**では，光化学反応で生じた NADPH や ATP が関与して，二酸化炭素と水から糖を合成する（カルビン–ベンソン回路）．

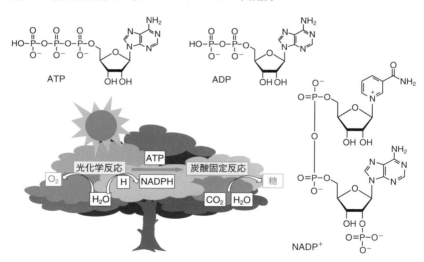

図 4・1　光合成のしくみ

4・2・3　光化学反応をつかさどる生体コンポーネント

　ここでは太陽光がかかわる光化学反応に注目する．葉緑体は長さ約 5 μm の

　＊　光合成においては，光照射下で進行する反応を明反応，それにひき続いて暗所で進行する反応を暗反応とよんでいたが，暗反応に含まれる炭酸固定や電子伝達にかかわる酵素には光で活性化されるものがあり，光がないと進まない場合があるので，近年は明反応，暗反応という用語の使用が避けられている．

回転楕円体形をしている（図4・2）．外膜と内膜の二重膜で囲まれており，内膜の内部は**ストロマ**とよばれる．ストロマは無色の液体であり，酵素，DNA，RNA，リボソーム，チラコイドなどを含む．扁平で円盤状のチラコイド膜には光化学反応をつかさどるさまざまな組織が埋込まれ，チラコイド膜が折りたたまれて積み重なった**グラナ**という構造では，膜と膜の間に内腔が存在する．太陽光を受取る組織は，**光化学系Ⅰ**タンパク質複合体（図4・3）と**光化学系Ⅱ**タンパク質複合体の2種である．

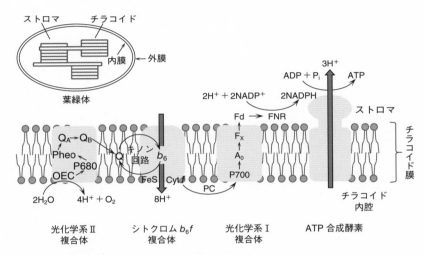

図 4・2 **葉緑体とチラコイド膜の構造と電子の流れ**．OEC: Mn_4Ca クラスターからなる酸素発生錯体，P680: クロロフィル2分子からなるスペシャルペア，Pheo: フェオフィチン，Q_A: プラストキノン（光化学系Ⅱに強く結合），Q_B: プラストキノン（光化学系Ⅱに弱く結合），Q: ユビキノン，FeS: 鉄−硫黄タンパク質，b_6: シトクロム b_6，Cyt$f$: シトクロム f，PC: プラストシアニン，P700: クロロフィル2分子からなるスペシャルペア，A_0: フェオフィチン，F_X: 鉄−硫黄キュバン型クラスター，Fd: フェレドキシン，FNR: フェレドキシン−$NADP^+$レダクターゼ（参考図書4章参照）．

4・2・4 クロロフィル *a* とヘムの分子構造と色

光化学系Ⅰの構造を図4・3aに示す．太陽エネルギーを受取る分子は，1個の光化学系Ⅰ内に100個ほど点在している**クロロフィル *a***で**アンテナクロロフィル**とよばれる．このクロロフィル *a* は，光を吸収する**クロリン**とよばれるピ

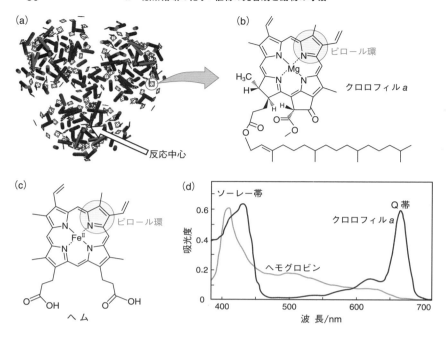

図 4・3　**光合成細菌のシアノバクテリアの光化学系 I**（a; 光化学系 I は高等植物
では単独で存在するが，シアノバクテリアでは三量体で存在する），**クロロフィル
a（b）とヘム（c），およびクロロフィル*a*とヘモグロビンの可視吸収スペクトル**
（d）．

ロール環を含む大環状分子と，タンパク質に固定する役割を果たす疎水的な長
鎖炭化水素からなる（図 4・3b）．興味深いことは，この化学構造が後述する
"呼吸" に重要な**ヘモグロビン**に含まれるヘム（図 4・3c）と似ているが，色
や機能が全く異なることである．まずは，両者の化学構造を比較しよう．クロ
ロフィル*a*とヘムはともに炭素と窒素からなる大環状構造をもち，その中心に
4 個の窒素と結合した金属イオンが存在する*（図 4・3b, c）．ただし，その金
属イオンはクロロフィル*a*ではマグネシウムイオン，ヘムでは鉄（II）イオンと
異なる．鉄（II）イオンは遷移金属イオンで六配位の八面体形構造を好むので，

＊　金属と非金属の原子が結合した構造をもつ化合物を**金属錯体**とよぶ．この非金属原子も
　　しくはそれを含む原子団を**配位子**とよぶ．クロロフィルなど生物に重要な化合物も金属錯
　　体である．

平面に垂直な上下方向（**アキシアル位**とよぶ）にも分子を強く結合できる．実際に，後述するように，ヘモグロビン内のヘムの鉄(II)イオンは酸素分子を捕まえて呼吸をつかさどっている（§4・3・2参照）．一方，マグネシウムイオンの化学的な活性は低い．

　つぎに，クロロフィル a（緑）とヘモグロビン（赤）の色が違う要因を考察する．クロロフィル a の可視吸収スペクトルには，430 nm 辺りの**ソーレー帯**と 662 nm の **Q 帯**が現れる（図4・3d）．Q 帯の赤色光を吸収するので，補色の緑色に見える．一方，ヘムはソーレー帯の吸光度は大きいが Q 帯は小さい．そのために赤色を呈する（図4・3d）．この光吸収の差は大環状配位子部分の化学構造の違いに起因する．ヘムは 4 個のピロール環をもち，幾何的な対称性が高い形（環状構造は**ポルフィン**という名称だが，これに置換基がついた化合物は総称して**ポルフィリン**とよばれる）なのに（図4・3c），クロロフィルは，そのうちの 1 個の二重結合が単結合になった異なる環構造をとり，歪んで対称性が低くなる（図4・3b）．ここでは詳しくは述べないが，分子の対称性は光吸収の強さに深くかかわっている．対称性の高いポルフィンでは，Q 帯は基底状態から励起状態への電子励起が起こりにくい禁制遷移で光をあまり吸収できないが，対称性が低いクロロフィルは禁制が解けて許容遷移となり，赤色光を吸収できる*．そのためソーレー帯と Q 帯を合わせると，クロロフィルは太陽から降り注ぐ可視光領域（400～700 nm）の光エネルギーの利用に適している．

4・2・5　光化学系 I タンパク質複合体の役割

　光化学系 I 内では，多くのアンテナクロロフィルが吸収した太陽エネルギーはすべて中央部に位置する"反応中心"部位に送り込まれる（図4・3a参照）．この反応中心には，**スペシャルペア（P700）**とよばれるクロロフィルの二量体，2 個のクロロフィル，2 個のフェオフィチン（A_0），2 個のキノン（A_1），

---

　*　分子の対称性だけでは Q 帯が許容遷移になるか否かは判断できない．**フタロシアニン**（右図）は，中心に銅などの金属イオンを取込むことができる大環状分子である．青から緑色を呈する色素で，道路標識や新幹線に塗られている．ポルフィリンと類似した高い幾何的な対称性をもつが，分子構造中の 4 個の炭素が窒素に置き換わったことに伴う電子構造の違いにより Q 帯が許容遷移となるため，緑から青色に見える（ポルフィリンとクロリン，ポルフィリンとフタロシアニンの電子構造と可視吸収スペクトルの比較について，詳しくはそれぞれ参考図書 2，3 を参照）．

鉄–硫黄キュバン型クラスター（F_X, F_A, F_B）などの分子が空間的にうまく配置されている（図4・4）．多くのアンテナクロロフィルから1個の反応中心に**光子**（光をエネルギーの粒と考えるときに光子あるいはフォトンという）が送り込まれるが，とても小さい光化学系Iに太陽から注がれる光子の量はそれほど多くないので，反応中心の処理速度で十分に対応できる．アンテナを多く張りめぐらしているのは，貴重な太陽エネルギーをとり逃さないためだといえよう．アンテナクロロフィルの吸収波長の680 nmに対してP700の吸収波長は700 nmと若干エネルギーが小さい＊．このわずかな発熱過程により，スムーズにエネルギーが移動できる．

　P700は光エネルギーを吸収して励起状態P700＊となり，高いエネルギーをもつ電子とホール（正孔）が生成する．ホールには，光化学系Iのすぐ近くにある**プラストシアニン**（PC）または**シトクロム c_6**（Cyt c_6）から電子が供給さ

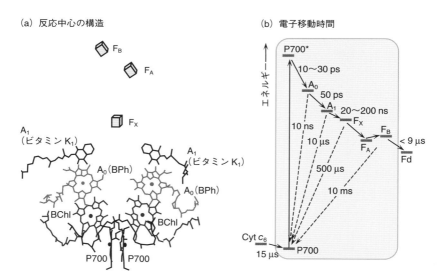

図 4・4　**光化学系I内の反応中心の構造**（a）**とそこに含まれる各分子ユニット間の電子移動時間**（b）．（b）の縦軸はエネルギーの相対値を示す．BChl: バクテリオクロロフィル，BPh: バクテリオフェオフィチン，PC: プラストシアニン，Fd: フェレドキシン．

＊　光のエネルギーは振動数に比例する．振動数 ν と波長 λ の間には $\lambda\nu=c$（真空中の光の速さ）という関係がある．したがって，波長が長くなるとエネルギーが小さくなる．

れる．高エネルギーの電子は，上述した光化学系Ⅰ内の反応中心に存在する分子ユニットを順に飛び移っていく．このときの各分子ユニットの電子を受取るエネルギー準位を比較すると，P700*, A_0, A_1, F_X, (F_A, F_B) の順に下がっている（図4・4b）．したがって，電子は階段を降りるように素早く移動できる．

ここで一つ疑問がわく．たとえば，A_0 からは電子が A_1 に移動する正方向と，P700 に戻る逆方向が可能だが，どちらの電子移動が速いだろうか．P700 に戻れば，光エネルギーが無駄になってしまうので好ましくない．P700 のエネルギー準位は A_1 よりもずっと低く，A_0 から P700 への電子移動はエネルギーを多く放出できるので，すごく速く起こるのではないかと思うかもしれない．しかし，レーザー光を用いる時間分解分光実験*で測定された速さは，A_1 への電子移動が 50 ps（$50×10^{-12}$ 秒）なのに対して P700 への戻りは 10 ns（$10×10^{-9}$ 秒）と 200 倍も遅かった．したがって，P700 へ戻る確率は 1/200，すなわち 0.5％にすぎない．言い換えれば A_0 から A_1 へ移る確率（量子収率）は 99.5％ときわめて高い．この P700 への戻りが遅い理由は，電子励起状態の振動エネルギー準位と電子移動速度の関係の特殊性に関係している．この特殊性は，カリフォルニア工科大学のマーカス（R. A. Marcus）が理論的に解き明かした．マーカス理論について学びたい読者は参考図書4を参照されたい．

4・2・6　光化学系Ⅱタンパク質複合体の役割

光化学系Ⅰのほかに，光を吸収するタンパク質複合体がもう一つある．**光化学系Ⅱ**とよばれ，光化学系Ⅰと同様にアンテナクロロフィルで受けた光エネルギーを反応中心に渡して，電子とホールの分離を行っている．ホールは電子を受取る，すなわち，酸化反応を起こす役割を果たす．光化学系Ⅱではマンガン，カルシウム，酸素からなる歪んだサイコロ状の金属錯体ユニット，**酸素発生錯体**（OEC: oxygen evolving complex）がまわりの水分子を酸化して，酸素ガスを発生させる反応の触媒として働いている．この反応では酸素1分子当たり4個の電子が移動するので反応機構は複雑だが，最近報告された精密構造解析（参考図書5参照）を契機として，その多段階の電子移動過程が急ピッチで解明されている．また，これを参考にして，高性能な人工の酸素発生触媒の開発が

＊　パルス化したレーザー光を照射して，発光強度が時間とともにどのくらいになるかを調べる実験．

進められている.

4・2・7 光化学反応における光エネルギー利用の全貌

光化学反応で起こるすべての光電子移動の過程を図4・5に示す. 縦軸は酸化還元電位で, 標準水素電極電位 (SHE) の値を基準の0Vとする. エネルギー (単位はJ) は電位 (単位はV) と電荷 (単位はC) の積で表され, 電子の電荷は負なので, 酸化還元電位が負になるほど電子のエネルギーは正に, 酸化還元電位が正になるほど電子のエネルギーは負となる.

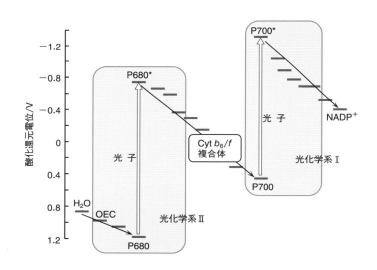

図 4・5 光合成の明反応のエネルギー図 (Z スキーム)

上述したように, 光化学系Ⅱの光励起で生じたホールは強い酸化力をもち, 水分子から酸素分子を発生させる (図4・2参照). 一方, 光化学系Ⅱの光励起で生じた高エネルギーの電子はエネルギーの階段を下りて, 光化学系Ⅰに移動する. そして, 光化学系Ⅰで, もう一度光で励起されて, さらに高エネルギーになり, 強い還元力をもつ. この高エネルギーの電子がH^+を$NADP^+$に付加して NADPH をつくる (図4・2参照). したがって, 可視光領域の2種類の光子のエネルギーで水を分解していることになる. この電子移動過程のエネル

ギー準位をつなげると，横倒しのZの形なので，**Zスキーム**とよばれる．

チラコイド膜には，この光電子移動過程にかかわる分子ユニットに加えて，ATP合成酵素が埋込まれている（図4・2参照）．この酵素はADPをATPに変えて，約30 kJ mol^{-1}のエネルギーを蓄える．ADPをATPにする反応，つまりリン酸化にはプロトン（H$^+$）がかかわっている．

$$ADP^{3-} + PO_4^{3-} + 2H^+ \longrightarrow ATP^{4-} \tag{4・1}$$

この反応では，プロトンの濃度が高いと，ADPからATPが容易に生じることになる．光電子移動反応が起こると，チラコイドの内腔側では酸素発生錯体OECによって水から酸素が発生して，プロトンの濃度が上昇する（図4・2参照）．一方，ストロマ側では水が還元されるとともにNADP$^+$がNADPHになり，プロトンの濃度が減少する．すなわち，Zスキームの光電子移動過程で，チラコイド膜の内外でプロトン濃度に差が生じる．その結果，ATPが合成される．

このように，光合成にはいろいろな自然界の匠の技が用いられている．ただし，光化学系Ⅰでは1個の光子から電子をつくる量子収率はきわめて高いが，エネルギー効率が高いわけではない．Zスキームから理解できるように，エネルギー準位が階段状に下がるところで差分のエネルギーが失われている．

4・3　動 物 の 呼 吸

4・3・1　酸 素 分 子 の 特 徴

上述したように，光合成によって水から酸素がつくられる．この酸素を動物が呼吸して体内に取込むと，その強い酸化力によって摂取した食べ物，炭化水素が分解され，安定な二酸化炭素と水を生成し，生命活動に必要なエネルギーを生む．この酸素の有機物との反応性はそれほど高くないので，われわれの身体は空気に触れても酸素の攻撃に耐えられる．酸素を体内に取込み，反応に用いるしくみには金属がかかわっている．しかし，酸素を光，放電，電気化学的手法により励起すると，活性酸素の一種となり，高い反応性をもつようになる．この活性酸素は生体分子を破壊してしまうので，生体はβ-カロテン，ビタミンC，尿酸などを用いて，これを除去する機構を備えている．

4・3・2　ヘモグロビンとミオグロビン

　人間などの哺乳類では，酸素を運搬するには血液中の鉄が主役となる．イカやタコでは銅，ホヤではバナジウムが用いられる．肺に酸素を吸込むと，血液中のヘモグロビンが酸素を取込み，動脈系を通じて体内のすみずみに運ばれる．筋肉ではミオグロビンが酸素を貯蔵する役目を担う．

　§4・2・4でふれたように，ヘモグロビン（図4・6）はヘム（図4・3c）と

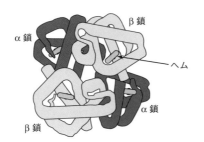

図 4・6　ヘモグロビンの構造

そのまわりをポリペプチド鎖で覆っているグロビンからなる．ミオグロビンも同様な骨格をしているが，4個のヘムを含むヘモグロビンと異なり，ヘムは1個しか含まない．後述するように，この数の違いが取込む酸素量の酸素分圧依存性に違いを生む．まずは1個のヘムの構造と働きを見てみよう．

　われわれの動脈血と静脈血は色が違う．動脈血は鮮やかな赤色，静脈血は暗赤色をしている．それはヘモグロビンに酸素分子が結合しているか否かの違いによる[*]．静脈血中の酸素が結合していないデオキシヘモグロビンでは，ポルフィリン環の中心に位置する鉄(II)イオンには，平面内の4個の窒素原子に加えて，アキシアル位にヒスチジンが配位している（図4・7a）．反対側のアキシアル位は，ヘムを包むグロビンの立体的な制約を強く受けているため，別のヒスチジンの NH 部分が弱く相互作用している（**遠位ヒスチジン**とよぶ）．この位置に酸素分子 O_2 が入り込み鉄に結合すると，鉄から O_2 に電子が移動し，鉄は+3価に，O_2 は**超酸化物イオン**（スーパーオキシドイオン）O_2^- になる．この O_2^- は非常に反応性が高く，後述するシトクロム P450 では，この性質を

---

　　[*]　量子化学では，共役二重結合の π 軌道の波動関数と中心金属の波動関数の重なりの違いによって説明される．中心の金属イオンに酸素分子が吸着するか否かによって，共役二重結合の π 軌道の波動関数と中心金属の波動関数の重なりが変わり，吸収する光の波長が変わる．"基礎コース物理化学 II　分子分光学"，中田宗隆 著，東京化学同人 (2018) 参照.

利用する.

　ヘモグロビンやミオグロビンの役割は酸素の運搬なので, 酸素分子が結合したときに他の分子と反応させてはならない. そのためにいろいろな手立てが施されている. グロビンの覆いによる外からの攻撃の防御, 酸素分子の結合時に

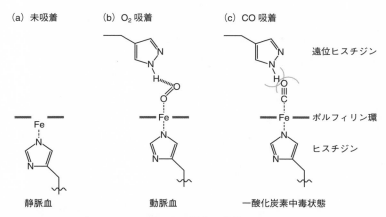

図 4・7　**吸着によるヘムまわりの構造の変化.** ポルフィリン環 (図4・3c) の面は, 紙面と垂直にある.

鉄イオンがポルフィリン平面内にシフトすることによる吸着力の低下, 遠位ヒスチジンの NH 部位との水素結合による配位酸素分子の安定化などである. 具体的には, グロビンの覆いは, 鉄から酸素分子 O=O が屈曲して結合した状態で適合している (図4・7b). この覆いの形は, 平面と垂直に結合する**一酸化炭素 (CO)** の攻撃を防ぐのにも役立つ. われわれは, 一酸化炭素が猛毒なことを知っている. 実際に, グロビンの覆いがあっても, CO が O_2 より 250 倍も強くヘム鉄に結合する (図4・7c). それでも覆いは CO が結合しにくいように奮闘している. モデル錯体の実験では, 覆いがないと CO の結合は O_2 より 2000 倍も強い. したがって, グロビンの覆いがないと, 今よりも 10 分の 1 以下の極低濃度で中毒を起こすことになる. なお, 一酸化炭素中毒の患者の肌は鮮紅色になるが, それは CO が結合したヘムの色に基づいている.

　つぎにヘモグロビンとミオグロビンの違いを調べよう. ヘモグロビンは空気中に含まれる酸素を取込む. その吸着量と分圧の関係は S 字形曲線になる (図4・8). すなわち, 肺付近の血液の酸素分圧 100 mmHg(≈ 0.133 atm) では酸

素とほぼ100％結合し，毛細血管における酸素分圧 40 mmHg（≈ 0.053 atm）では70％程度まで低下する，一方，ミオグロビンは低圧でも結合率が高い．このヘモグロビンとミオグロビンの差は，血液中ではヘモグロビンが酸素を運び，筋肉ではミオグロビンが酸素を受取って貯蔵する役目を担うのに適している．ヘモグロビンの特異な吸着曲線は，4個のヘム間の相互作用に基づく**アロステリック効果**（タンパク質の機能が他の化合物によって調節される効果）に起因する．ヘモグロビンは，われわれの体内の環境に合うようにヘムを集めて，その酸素結合の特性を変化させた見事な化学システムといえる．

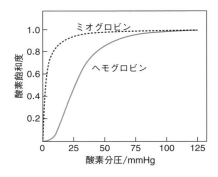

図 4・8　**ヘモグロビンとミオグロビンの酸素吸着解離曲線**

4・3・3　シトクロム P450 による酸素分子の反応

　呼吸は生体内に取込んだ酸素を炭化水素と反応させて，エネルギーを獲得する機能である．その際に遷移金属が重要な役割を担う．たとえば，肝臓に多く存在する**シトクロム P450** の化学構造はヘモグロビンに似ていて，酸素，水，電子を用いて，薬物代謝や解毒，ホルモンの生合成などに関連した不活性な有機物をヒドロキシル化する反応を触媒する（図4・9）．反応部位はヘムであり，酸素分子と反応しない休止状態のときには，鉄は$+3$価で，アキシアル位にシステイン（硫黄を含むアミノ酸）が配位し，その反対側のアキシアル位には水分子が配位している（図4・9の構造 **A**）．NADPH から電子を受取り，還元されて鉄イオンが$+2$価になると，配位力の弱い水分子の代わりに酸素分子が結合する（構造 **B**）．さらに，NADPH から受取るもう1個の電子と2個のプロトンが反応して，配位酸素分子の O−O 結合が切断され，Fe＝O 結合をもつオキソ錯体になる（構造 **C**）．このオキソ配位子が強い酸化力をもち，炭化水素

RH をヒドロキシル化して ROH を配位する．ROH は脱離して H_2O が配位し，構造 A に戻る．

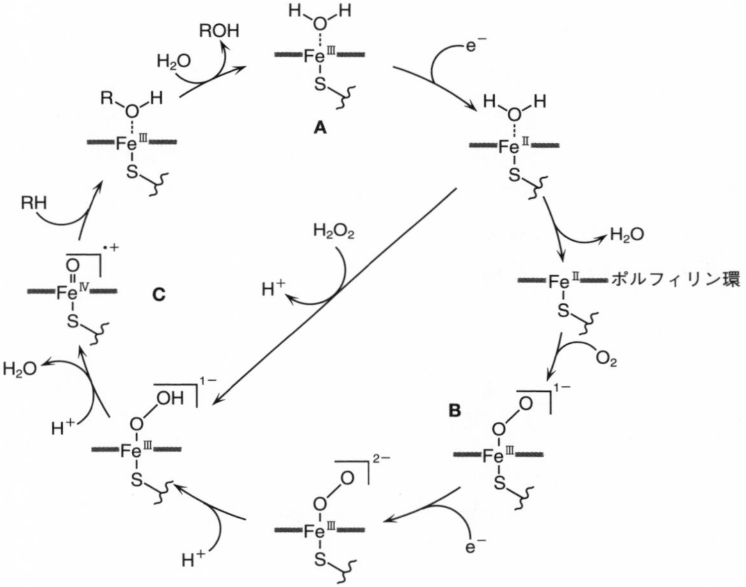

図 4・9　シトクロム P450 によるヒドロキシル化反応の機構

　この反応は，次のように言い換えることができる．鉄のような遷移金属は d 軌道の状態の電子が，配位結合によって酸素分子を反応の舞台に引きずり込む．さらに，必要に応じて電子やプロトンを取入れながら，2 個の不対電子と二重結合をもつ酸素分子の化学結合を弱め，ついには切断して，反応活性な酸素原子に変化させる．酸素分子を活性化するこのような金属元素としては，鉄のほかに銅もよく知られている．

4・4　おわりに ── 生体系をモデルにした研究

　生物は突然変異と自然選択を繰返しながら進化し（3 章参照），より高い機能のシステムをつくり上げてきた．本章ではその例として，酸素がかかわる生体反応の光合成と呼吸を取上げ，自然の巧みさを述べた．ほかにも天然には，植物の根粒菌が空気中の窒素をアンモニアに変換する“窒素固定”反応など，数

多くの優れた化学反応系がある．窒素固定反応でも鉄とモリブデン，硫黄を含む
クラスター状の金属錯体が触媒となる．この反応では，高温高圧で窒素と水素
からアンモニアを合成するハーバー–ボッシュ法とは異なり，水素分子の代わ
りにプロトンと電子を用いることによって常温常圧でアンモニアが生成する．
化学者は，このような生体系の本質を完全に解き明かすことをめざしている．
それに加えて，化学者は独創的な物質の合成や機能を極めたいと考えており，
生体系をモデルにした人工の物質系，反応系の開拓や，生体部品と人工物質と
を融合した高機能センサー，触媒，エネルギー変換と貯蔵などの応用研究も
行っている．天然の恵みを享受するだけではなく，創造へつなげていくことが，
われわれ人類に託された使命なのかもしれない．

参 考 図 書 など

1) "ヴォート基礎生化学（第5版）"，D. Voet，J. G. Voet，C. W. Pratt 著，田宮信雄，
   村松正實，八木達彦，遠藤斗志也，吉久 徹 訳，東京化学同人（2017）．
2) G. R. Seely, *J. Chem. Phys.*, **27**, 125–133（1957）．
3) P. P. Roy, S. Kundu, N. Makri, G. R. Fleming, *J. Phys. Chem. Lett.*, **13**, 7413–7419（2022）．
4) "金属錯体の電子移動と電気化学（錯体化学会選書）"，西原 寛，市村彰男，田中晃
   二 編著，三共出版（2013）．
5) Michihiro Suga *et al.*, *Nature*, **517**, 99–103（2015）．

5

有機分子と生物の間にあるもの

5・1 はじめに

　生物は有機分子でできている（2章，3章参照）．しかし，生物と有機分子は全く違うもののように見える．生物は，1）生きて死ぬ，2）小さな環境の変化に柔軟に速やかに応答する，3）記憶・学習することができる．したがって，生物は物質でない特別なものを含んでいると考えられ，かつてはそれがつくり出す物質を**有機化合物**といった*．その後，ドイツの化学者，ウェーラー（F. Wöhler）によって，生物でなくても有機化合物をつくり出せることが証明された（2章参照）．現在では，生物が物質でない特別なものを含むという考え方は比較的少数派で，基本的には生物は物質の現象で説明できると考えられている．それでは，有機分子と生物が違うように見える理由は何だろうか．残念ながら，有機分子と生物の間を結びつける原理と科学的方法論は未開拓であり，生物機能は現在の科学で手に負えない複雑なテーマである．だからこそ，化学的にその理解にチャレンジする意義がある．

　有機化学者が有機分子というとき，多くの場合は希薄溶液中に有機分子が分散している状態をイメージしている．有機分子がバラバラなので，1個ずつの性質が現れやすい．その状態で有機分子は熱平衡状態になるので，熱力学を基盤として，その平衡状態をもとに性質を考えることができる．一方で，液体状態（溶媒を含まない溶融状態），あるいは結晶やアモルファスのような固体状態，それらの中間の液晶状態のように有機分子がバラバラでない場合もあり，生体内ではむしろこちらの方が重要になる．このような凝集状態では有機分子

　＊　現在では，炭素化合物の総称を**有機化合物**という．ただし，一酸化炭素，二酸化炭素，炭酸塩，シアン化物などは含まれない．生物がつくるかどうかという条件は必要でない．一般に“有機化合物”と“有機分子”という言葉は厳密に区別せずに使うことが多い．ここでは，有機化合物は有機分子の集団という意味に用いている．

1個ずつの性質よりも，有機分子間の相互作用の性質が強く現れる．さらに，生体反応を含む実際の化学反応は平衡状態でないことが多い（参考図書1，2）．

　本章では，“有機分子と生物の間にあるもの”をテーマとして，生物に固有の複雑な構造と複雑な反応について考える．論点は**空間的な不均一性**と**時間的な不均一性**である．前者は複雑な構造（静的性質）を意味し，後者は複雑な反応（動的性質）を意味する．

5・2　生物における空間的な不均一性（構造の複雑さ）

　生物は有機分子の均一な希薄溶液が入ったタンクのようなものではなく，空間的に不均一である．生物を構成する物質には，有機分子，自己組織化物質，細胞小器官，細胞，組織，個体などの階層がある．そして，階層間には，物質が組織的に機能するための化学システムがある（参考図書3）．それぞれの物質の階層は独自の原理に従っており，生物全体として統合的に機能している．たとえば，筋肉は有機分子であるアクチンタンパク質が重合して生じた繊維が集合して束となった（バンドル化した）物質である（図5・1）．図の赤い矢印の

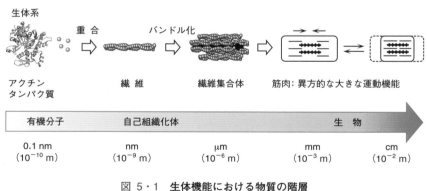

図 5・1　**生体機能における物質の階層**

下に示したように，有機分子と個体の間には長さの幅で0.1 nmからcmまで8桁もの違いがある．アクチンタンパク質それ自体には運動機能はないが，組織化して集合体（筋肉）となり，隙間にミオシンタンパク質が挿入されたり，解離されたりすると，大きな強い力学的運動を起こす．このことから，有機分子

を規則的に並べて複合化し，より大きな物質と機能をつくり出すことが生物にとって有効であることがわかる．

らせん状の有機分子を用いて，このような階層構造を人工的につくることができる．**らせん**というのは，らせん階段，ワインオープナー，アサガオの蔓，DNAの二重らせん（2章，3章参照）などに見られる規則的な形状であり，回転運動と並進運動を伴った点の軌跡のことである．らせん有機分子は化学的に合成できる（参考図書4）．鏡に映した形状が一致しないので，右らせんと左らせんの化合物がある．これを鏡像異性体（図2・2参照）という．工夫すると，小さならせん有機分子（0.1 nm）を共有結合させて，大きならせん有機分子（1 nm）を合成できる．また，非共有結合によって，二重らせん有機分子（10 nm），自己組織化繊維（1 µm），さらにはゲルのような目に見えるレベルの固体状態の物質（1 cm）までを段階的につくり出すことができる（図5・2）．ここまで大きくすると，らせん有機分子と自己組織化した空間的に不均一な物質で，生物機能に関連した現象の違いを調べることが可能となる．

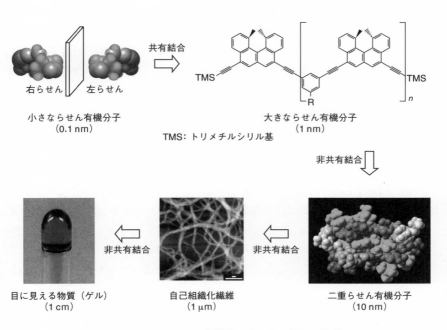

図 5・2 **小さならせん有機分子から目に見える物質へ**

5・3　生物における時間的な不均一性（反応の複雑さ）

　"時間"とは何か，という疑問が古くからある．自然科学者の間では，時間とは変化を表す手段であり，"変化"がわれわれの世界の基本であるという考え方が認められている．生物は計時機能をもっている．たとえば，サクラは気温が高いと開花するとされているが，その時期は春であって秋ではない．同じ気温でも，サクラは気温が上がる変化と下がる変化を区別して認識していると思われる．このような生物の時間的な機能は複雑な**非線形現象***を示す（参考図書 5）．サクラが春を認識できるのは，その気温より過去の気温が低かったことを記憶しているからである．どのように記憶しているのだろうか．

　記憶現象を科学的に説明せよという問題が与えられたとしよう．通常，自然科学者は記憶を心の問題とは考えずに，物質で理解しようとする．まずは記憶する物質を探そうとする試みが古くから行われてきた．過去の気温において特定の有機分子が生体内に生じ，その有機分子を他のサクラに与えれば，季節に関係なく直ちに開花することになると考えたかもしれない．しかし，現在ではこの仮説は正しくないとされている．物質だけでは記憶現象を説明できない．

　動物の記憶はニューロン（神経細胞）によるネットワークの形成とも考えられている．一度覚えた恐怖感覚，物理的応答（萎縮など）とニューロンの電気的応答を対応させる動物実験がある．同じ電気的応答を与えると，恐怖感覚の原因がなくとも，同じ物理的な応答が起こることが示されている（参考図書 6）．このことから，特定のニューロンのネットワークが記憶に関係していることがわかる．

　有機化学の立場から，物質による記憶の現象を分子レベルで考えてみよう．有機分子は通常は過去を記憶しないものだが，まれに記憶のような現象を示す有機分子がある．たとえば，不規則な構造のポリマー分子に光学活性（図 2・3 参照）な有機分子を添加して，らせん構造のポリマー分子をつくる（参考図書 7）．その有機分子を取除いても，らせん構造が維持されていれば，ポリマー分子がらせん構造を記憶したことになる．有機分子を添加する前の不規則構造は

---

*　ある変数に対して比例する場合を**線形現象**，比例しない場合を**非線形現象**という．サクラは時間に比例して開花するわけではない．冬の気温や春の気温などに依存する．

エネルギー的に**最安定**な状態である．一方，有機分子を取除いても維持するらせん構造は**準安定**な状態である．したがって，最安定な不規則構造から準安定ならせん構造が生じたのは，過去に何か特別なことが起こったためであると考えられる．この場合には，らせん構造のポリマー分子が有機分子と接触したことを記憶していたことになる．これらのことを一般化すると，記憶とは準安定状態に到達するための方法で，エネルギーに関係する現象だといえる．

　これまでに説明した記憶は1個の分子の構造で，量子力学的観点*から有機分子をみたものである．一般に電子，原子，分子レベルの変化はピコ秒（10^{-12} s）以下で速やかに起こるので，われわれの日常の秒，分，時間，日といった時間スケールでは，通常は問題にならない．一方，多数の有機分子の統計力学的観点では，時間は重要である．有機分子1個の反応はピコ秒だが，溶液中のように多数の有機分子が存在する場合には，すべての分子が一度に反応するのではなく，少しずつ反応するので，反応全体としてはわれわれの時間スケールに相当する時間がかかる．その場合には，準安定状態が生じる時間と，準安定状態から平衡状態に変化する時間が重要になる．

　図5・3には縦軸に濃度，横軸に温度をとって，平衡現象におけるある最安定状態に，あるいは非平衡現象におけるある準安定状態に至る変化を模式的に

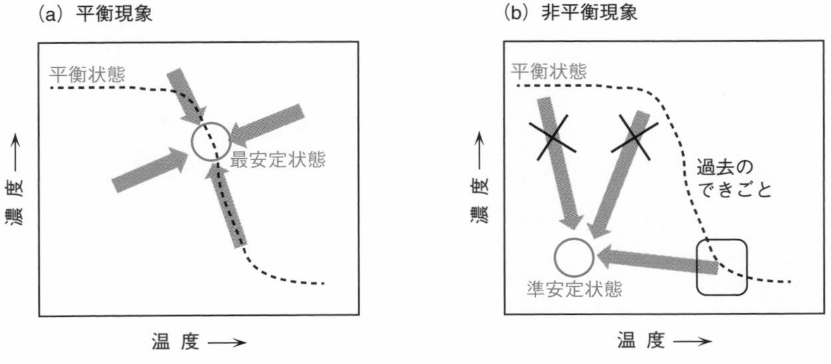

図 5・3　平衡現象と非平衡現象における記憶

---

*　個々の分子の性質は量子力学を使って説明できる．しかし，分子集団の性質の説明には統計力学が必要となる．たとえば，1個の分子には圧力とか温度という概念はないが，分子集団になると圧力とか温度の概念が現れる．"基礎コース物理化学Ⅳ 化学熱力学"，中田宗隆 著，東京化学同人（2020）参照．

描いた．破線は平衡状態を保ちながら温度をゆっくり変化させたときの経路（**準静的過程**）の例を表す．平衡状態は一定の温度，一定の濃度で熱力学的に最も安定な状態である．最終的にある温度の平衡状態に達する経路（➡）は破線のほかにもたくさんあり，どの経路を経て平衡状態になったかはわからない．つまり，平衡状態では記憶は消去されている（図5・3a）．

　一方，平衡状態から準安定状態への経路は非平衡現象であり，どの平衡状態から準安定状態に達したかという過去の経路は限られる（図5・3b）．ある平衡状態から，（自然にではなく）工夫してエネルギーの高い準安定状態をつくるという意味である．したがって，過去の経路に関する記憶が現在の準安定状態に反映されていることになる．記憶とは準安定状態に到達するための方法であり，時間とエネルギーにかかわる現象である．

　生物が複雑なのは統計力学における**ゆらぎ**の問題も原因である．量子力学の波動方程式を考え出したオーストリア出身の理論物理学者，シュレーディンガー（E. Schrödinger）は"どうして生物は原子に比べてこれほど大きいのか"という問題を提起した（参考図書8）．ヒトは37兆（$=3.7×10^{13}$）個の細胞からなるとされている．一つの細胞中にタンパク質が10^4個あるとすると，1人についておよそ10^{18}個のタンパク質があることになる．どうしてこのような膨大な数になるのだろうか．シュレーディンガーは"分子数が小さくなると，化学反応ネットワークにおける空間的および時間的なゆらぎの効果が大きくなるので，統計力学的にまれな現象が起こりやすくなり，生物機能が安定しない"と提案した．統計力学的に見るとN個の要素からなる現象の標準偏差は$1/\sqrt{N}$だから，10^{18}個のタンパク質分子を考えると$1/\sqrt{10^{18}}=1/10^9$，つまり，10億回に一度，統計力学的に平均から大きく外れた奇妙な現象が起こる．これはごく少数なので検出されない．ところが，細胞1個では分子数10^4個で標準偏差$1/\sqrt{10^4}=1/10^2$，つまり，100回に一度起こることになる．化学反応ネットワークの複雑さを考えると，これは小さい数ではない．空間的あるいは時間的なゆらぎによって，統計力学的にまれなことが起こることを最小限に抑えるためには，生物は現状くらい多くの分子を使わなければならない．なお，空間的ゆらぎと時間的ゆらぎが同じであるということは，**エルゴード仮説***とよばれている．

　＊　エルゴード仮説はウィーン大学のボルツマン（L. Boltzmann）がマクスウェル-ボルツマン分布を導く際に用いた仮説．たとえば，100個のサイコロを振ったときに出る目の数の（空間的な）平均値は，1個のサイコロを100回振ったときに出る目の数の（時間的な）平均値とほとんど変わらない．

5・4 化学反応ネットワークの空間的および時間的不均一性

化学反応ネットワークについて，空間的および時間的不均一性を考えてみる．化学反応とは，化学結合を切断したり生成したりする過程のことである（参考図書9）．植物が長い時間をかけて石炭になる過程，肥料として重要なアンモニアを窒素と水素から合成する過程，ガソリンの燃焼など，われわれの身のまわりには多くの化学反応がある．生物は化学反応を組合わせた複雑な化学反応ネットワークである．

生物に重要な化学結合とはどのようなものだろう．中学・高校で学んだように，"炭素は手が4本，水素は1本"で形成するのは共有結合のことである．共有結合でない化学結合もあり，たとえば，DNAで塩基が対をつくる化学結合は非共有結合（水素結合）である．共有結合は点（原子）と点（原子）の結合だが，非共有結合では線と線，あるいは面と面などの原子集団（原子団）の間の結合でも起こりうる．したがって，非共有結合の構造と性質は共有結合に比べて格段に複雑になる（参考図書10）．生物ではタンパク質分子が非共有結合によって，可逆的に会合したり解離したりすることが重要である．

生物は多くの共有結合や非共有結合に基づく化学反応を組合わせた複雑な化学反応ネットワークをつくる．さらに，反応生成物あるいは反応中間体が特定の化学反応を促進あるいは抑制する現象，すなわち**正あるいは負のフィードバック**が作用する．生物が有機分子と違うとみえるのは，このような複雑な化学反応ネットワークの空間的および時間的な不均一性のためである．

自己触媒は正のフィードバックの例である（図5・4）．ここでは，反応物である2個の分子（**A＋A**）が生成物**B**を与える化学反応を考えよう．通常，生成物**B**は二分子反応の過程には影響を与えないが，自己触媒反応の場合には

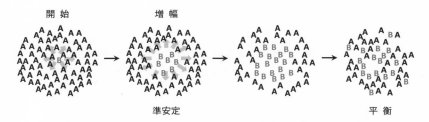

図 5・4 統計力学的にみた自己触媒反応

B がこの化学反応の触媒になる．化学反応の初期には触媒 **B** がほとんど存在しないので，二分子反応がゆっくりと起こる．しかし，化学反応が進行するにつれて，触媒 **B** が増加するので，反応速度が急激に上がる．これは自己触媒による増幅反応であり，正のフィードバックとみることができる．統計力学的に反応機構を考えると，生成物かつ触媒である **B** が空間的に不均一に増加するとも考えられる（参考図書11）．そして，十分な時間が経つと，最終的には平衡状態になる．

　上記の化学反応をエネルギーの観点から考えることもできる．縦軸にエネルギー，横軸に反応座標をとった模式図を図 5・5 に示す．**活性化エネルギー**（反

(a) 反応初期　　　　　　　　　(b) 反応進行中　　　　　　　　(c) 反応終了時（平衡）

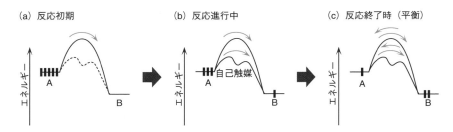

図 5・5　**反応時間に依存する反応経路**

応物と生成物の間の山を表すエネルギー）の高い反応経路は二分子反応を表し，活性化エネルギーの低い反応経路は自己触媒反応を表す．反応初期には二分子反応の経路（実線）で反応が進むが，触媒の働きをする生成物 **B** が少ないので自己触媒の反応経路（破線）はほとんど関与しない（図 5・5a）．そして，ある程度の量の **B** が蓄積されると，活性化エネルギーの低い自己触媒の反応経路で反応が進み始める（図 5・5b）．**B** の濃度が上昇すると，自己触媒の反応経路で生成する分子が飛躍的に増加し，反応速度が急激に増加する．最終的には **A** と **B** が平衡状態に達する（図 5・5c）．なお，赤い矢印は分子がエネルギー障壁を越えながら反応する様子を示している．

　話を簡単にするために，**B** から **2A** が生じる逆反応を無視して化学反応速度論で考えると，二分子反応と自己触媒反応の化学反応式は，

$$2A \xrightarrow{\ k_1\ } B \qquad\qquad （二分子反応） \qquad (5・1)$$

$$2A + B \xrightarrow{\ k_2\ } 2B \qquad\quad （自己触媒反応） \qquad (5・2)$$

と書ける．それぞれの反応速度定数を k_1 と k_2 とし，さらに $k_1 \ll k_2$ と仮定して，化学反応速度論*に基づいてこれらの反応式を解析すると，$\mathbf{A}$ の濃度である $[\mathbf{A}]$ の反応速度式は，$[\mathbf{A}]_0$ を $\mathbf{A}$ の初期濃度として，微分方程式，

$$-\frac{d[\mathbf{A}]}{dt} = \frac{k_2}{2}\{-[\mathbf{A}]^3 + [\mathbf{A}]_0[\mathbf{A}]^2\} \tag{5・3}$$

となる．縦軸に反応速度をとり，横軸に反応物の濃度 $[\mathbf{A}]$ をとってグラフにすると図5・6のようになる．化学反応が進むにつれて $[\mathbf{A}]$ は減少する（横軸を左に進む．図の赤い矢印）．化学反応によって濃度 $[\mathbf{B}]$ が上昇すると，反応速度は急激に上昇する（グラフは上向きに進む）．ただし，(5・3)式の右辺を微分して0とおくと，

$$-3[\mathbf{A}]^2 + 2[\mathbf{A}]_0[\mathbf{A}] = 0 \tag{5・4}$$

となるから，$[\mathbf{A}] = (2/3)[\mathbf{A}]_0$ で反応速度は最大値に達し，その後は減少することになる．

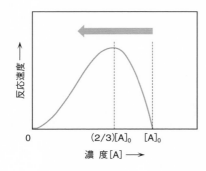

図 5・6　自己触媒反応の反応速度論的な解析　時間的には $[\mathbf{A}]$ は $[\mathbf{A}_0]$ →0方向に進むので右から左への流れとなる

　以上の反応速度の現象は有機化合物の化学反応としては例外的である．一般に，化学反応の速度は初期が最も大きく，単調に減少する．化学反応が進むにつれて，反応物 $\mathbf{A}$ の濃度 $[\mathbf{A}]$ が単調に減少するからである．増幅効果をもつ自己触媒反応，すなわち，正のフィードバックを含む化学反応ネットワークは，

---

*　化学反応速度論について，詳しく勉強したい人は“基礎コース物理化学Ⅲ　化学動力学”，中田宗隆 著，東京化学同人（2020）参照．

空間的および時間的に不均一な性質を示す．これが化学反応からみたときの生物らしさの原因の一つと考えられる．実際に，非共有結合によって希薄溶液中でランダムコイル状態の2分子（**A**＋**A**）から二重らせん**B**を生成する過程が自己触媒反応であることが実験で確かめられている（参考図書11）．これは正のフィードバックを含む化学反応ネットワークであり，記憶効果を発現する．

5・5　化学反応ネットワークと記憶

ヒステリシスという現象がある．これは磁石でよく知られており，外部から与える磁場の強さを変えると，磁化の応答が時間的に遅れる現象である．上で述べた非共有結合による**B**の生成反応において，熱的ヒステリシスが起こることがある．高温で解離した2分子（**A**＋**A**）が低温で非共有結合によって会合して生成物**B**を与える場合を考えよう．一定速度で温度を上下させると会合反応や解離反応に時間的な遅れが生じ，**熱的ヒステリシス**を示す．たとえば，温度を下げていくと，はじめは会合反応が起こらないが，ある程度以上，温度が下がると会合が始まる．これは通常の化学反応が高温で速いことと合致しな

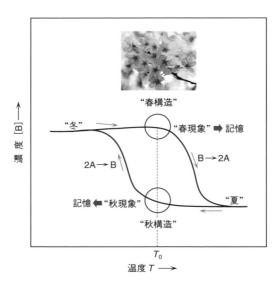

図 5・7　**熱的ヒステリシス**（時間と記憶の化学反応）

い．したがって，何らかの加速現象あるいは増幅現象が含まれるはずである．これは自己触媒反応で説明できる．言い換えると，希薄溶液中の化学反応で熱的ヒステリシスがみられた場合には，自己触媒反応が含まれている可能性がある．

　この熱的ヒステリシスは有機分子の**記憶**現象とも関係する．冷却中と加熱中において，同じ温度 T_0 でも異なる濃度 [B] を与える．例として前述したサクラの開花と照らし合わせてみよう（図 5・7）．温度が上がる（右に進む）変化では“春構造”の有機分子 B があり，温度が下がる（左に進む）変化では“秋構造”の有機分子 A が生じているので濃度 [B] は増えない．そうすると，同じ温度 T_0 において同じ有機分子 B を含んでいても，“春現象”と“秋現象”を分子構造で区別できることになる．少し言い方を変えると，“春構造”の有機分子 B は少し前には寒かったこと（低温だったこと）を記憶していることになる．

　温度の変化を知るために安定な状態（平衡状態）の有機分子だけを使うと，かなり複雑なしくみになる．温度を測定する有機分子，時間を計る有機分子，もう一度温度を測定する有機分子，温度を比較する有機分子，温度が変化したと判断する有機分子などの多種類の分子が必要である．しかし，熱的ヒステリシスでは有機分子は不安定な状態（非平衡状態）にあり，1種類の有機分子で温度の変化を知ることができる．このようにして，時間と記憶を分子構造によって扱うことができれば，化学反応ネットワークによってサクラの開花のような“変化”機能をもった材料を人工的につくり出すこともできるだろう．

5・6　有機分子と生物を関連させる今後の研究

　この世界は複雑でわれわれの知らないことばかりであり，有機分子と生物の間には高い山（あるいは深い谷）がありそうだ．それでも，化学反応ネットワークを含む空間的な不均一性と複雑な動的性質による時間的な不均一性が両者の間の謎を解く鍵になる．このような未開の分野に化学の方法によってアプローチすることは，実りの多い科学的な成果を与えるだろう．化学物質をエネルギー源，化学反応を情報処理と作動原理に用いて運動，思考，記憶する化学ロボットなどが面白いかもしれない．われわれ自身が化学ロボットだから……．

参 考 図 書 な ど

1) "現代熱力学 —熱機関から散逸構造へ", I. Prigogine, D. Kondepudi 著, 妹尾 学, 岩元和敏 訳, 朝倉書店 (2001).

2) "非線形ダイナミクスとカオス", S. H. Strogatz 著, 田中久陽, 中尾裕也, 千葉逸人 訳, 丸善出版 (2015).

3) "分子細胞生物学 (第8版)", H. Lodish ほか 著, 榎森康文, 堅田利明, 須藤和夫, 富田泰輔, 仁科博史, 山本啓一 訳, 東京化学同人 (2019).

4) N. Saito, M. Yamaguchi, *Molecules*, **23**, 277 (2018).

5) "非線形な世界", 大野克嗣 著, 東京大学出版会 (2009).

6) X. Liu, S. Ramirez, P. T. Pang, C. B. Puryear, A. Govindarajan, K. Deisseroth, S. Tonegawa, *Nature*, **484**, 381–385 (2012).

7) E. Yashima, N. Ousaka, D. Taura, K. Shimomura, T. Ikai, K. Maeda, *Chem. Rev.*, **116**, 13752–13990 (2016).

8) "生命とは何か　物理的にみた生細胞 (岩波文庫)", E. Schrödinger 著, 岡 小天, 鎮目恭夫 訳, 岩波書店 (2008).

9) "分子反応動力学", R. D. Levin 著, 鈴木俊法, 染田清彦 訳, 丸善 (2012).

10) "分子間力と表面力 (第3版)", J. N. Israelachvili 著, 大島広行 訳, 朝倉書店 (2013).

11) 串田 陽, 重野真徳, 山口雅彦, 有機合成化学協会誌, **75**, 228–239 (2017).

第 II 部

生物の化学と医療の進歩

6

自然が産する多彩な有機化合物

6・1 はじめに

　自然界には太陽エネルギーを恵みとする多様な生物が存在し（4章参照），水中や陸上で活動している．生物はさまざまな有機化合物を代謝によって生産する．そのうち，アミノ酸，核酸，糖など（2章，7章参照），ほぼすべての生物の種を超えて共通する化合物を**一次代謝産物**，種に特異的な化合物（いくつかの種で共通することも多い）を**二次代謝産物**とよぶ．二次代謝産物にはさまざまな種類の化合物があり，なかには，テルペン，ステロイド，アルカロイド，フラボノイドなど，構造的な特徴から分類できるものもある．

　これまで，人類は生物，特に植物が産するいろいろな二次代謝産物を**生薬***などとして利用してきた（§6・6参照）．しかし，生物がそれらの化合物を生産する目的は自分自身や種を守るためである．なかでも植物は二次代謝産物の宝庫である．植物は動物のような免疫系（7〜9章参照）をもたず，化学物質によって侵入者から身を守っている．また，水と二酸化炭素と太陽光があれば，光合成によってエネルギー物質を蓄えられるので（4章参照），動物のように食料を求めて動き回る必要がない．そのため，植物は，エネルギーを使って動く代わりに1箇所に根を張って水を求める，という生き方を選択した．しかし，じっとしていると，昆虫や草食動物などの捕食者から逃れられないし，受粉や種子散布も簡単にはできない．そこで，捕食者を撃退するために葉に毒を蓄えたり，花粉を運んでもらうために花に色や香りを付けたりする生き残り戦略を発達させてきた．甘い果実は動物に種子を運んでもらうお礼である．もちろん二次代謝産物を生産するのは陸上の植物だけではない．動物などでも二次代謝

---

　*　**生薬**とは，植物や動物あるいは鉱物などの天然物に乾燥などの加工を施してつくった
　　"薬"をさし，基本的に医薬品として使われるが，なかには食品として使われているもの
　　もある．

産物の生産がみられる．特に海洋動植物の産する天然有機化合物には特徴的な
ものが多く，それらのなかには人間にとって有用なものもある（§6・6・2で述
べる）．本章では，植物成分，特にテルペン成分を中心にして，身近な化合物
の構造と，その生理作用などを紹介する．

6・2　テルペンとステロイド

6・2・1　イソプレン則 ── C_5 単位の化合物群

　　二次代謝産物のなかに，**テルペン**とよばれる一群の化合物がある．そのいく
つかの例を図6・1に示す．ゲラニオールとメントールはそれぞれ柑橘系と

COLUMN 1

有機化合物の化学構造式の書き方のルール

　　本章では，いろいろな有機化合物の構造式が出てくるので，構造式の書き
方のルールを説明する．図に示すように，省略形の書き方は高校で学習した
ベンゼンと同じで，C–C 結合は線だけ残して C を省略し，炭素原子に付い
た水素原子は必要な場合を除いて省略する．炭素原子の結合相手を数え，四
つに足りない分だけ水素原子が結合していると理解すればよい．例に見るよ
うに，ゴチャゴチャと C，H を書くよりずっとスッキリする．不斉炭素原子
に関する立体表記はくさび形の太線と破線を使って表す（右図）．太線は手
前，破線は奥に向いていることを表している．すなわち，W と X は紙面上，
Y は手前，Z は奥にあることを示している．なお，この表記法は原子同士の
つながりを示したもので，実際の立体構造とは厳密には対応しない．例にあ
げたカルボンの環構造は平面ではない．

ベンゼン　　　　　　　　カルボン

化学構造式の省略形と立体表記

ハッカの香り物質である．ほかに，ある種の植物から得られるサントニン，ステビアの甘味成分ステビオールを示す．これらの化合物に構造上の共通点はあるだろうか．

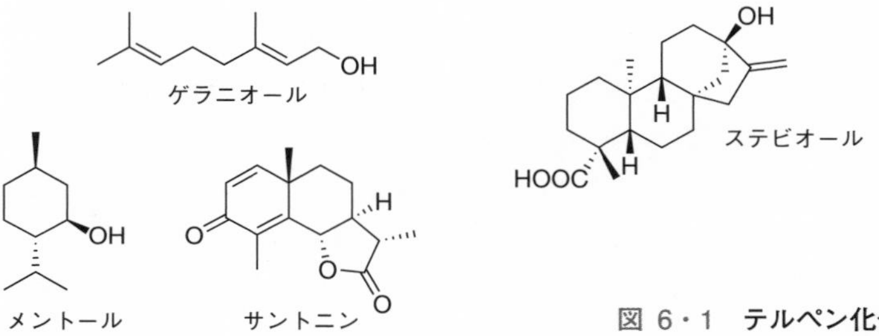

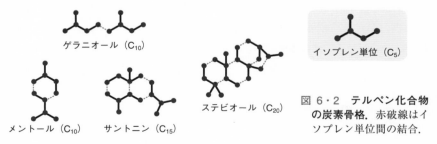

ゲラニオール

ステビオール

メントール　　サントニン

図 6・1　テルペン化合物

　共通点を見つけるために，炭素骨格のみを抜き出して，炭素原子を丸で表してみると図6・2のようになる．どの化合物も C_5 ユニット（イソプレン単位という）がつながっている．図6・2では C_5 ユニット間の結合を破線で示した．テルペンはイソプレン単位がつながったものとみなすことができ（これをイソプレン則という），別名**イソプレノイド**ともよばれる．テルペンはイソプレン単位の数，すなわち炭素数によって分類されている．最も分子量の小さいものが C_{10}（イソプレン単位が二つ）のモノテルペンである．C_{15}，C_{20}，C_{30} の化合物は，それぞれセスキテルペン，ジテルペン，トリテルペンとよばれる*．後述するステロイドはトリテルペンから生合成される．カロテノイドとよばれる C_{40} 化合物群もテルペン類である（テトラテルペン）．少数ながら，C_{25} のセスタテルペンも存在する．

ゲラニオール（C_{10}）

イソプレン単位（C_5）

メントール（C_{10}）　　サントニン（C_{15}）

ステビオール（C_{20}）

図 6・2　**テルペン化合物の炭素骨格**．赤破線はイソプレン単位間の結合．

＊　モノ，セスキ，ジ，セスタ，トリ，テトラはそれぞれ 1，1.5，2，2.5，3，4 を表す接頭語である．なお，テルペンという単語は狭義には炭化水素をさすが，広義では官能基をもつ化合物も含む．炭化水素以外はテルペンに似ているという意味で**テルペノイド**という．

　以下に，モノテルペンから順に，身近なものや生理活性が既知のものを中心
に具体例をみていこう．雑多にみえる化合物群も分類できることを理解してほ
しい．それは種ごとに異なる複雑な進化の過程を反映したものである．

6・2・2　モノテルペン ── 果実に香りをつける

　モノテルペンは C_{10} 化合物であり，分子量が小さいために揮発性に富む化合
物が多い．前述のゲラニオール，メントールに加え，柑橘類の香りの主成分で
あるリモネンやリナロール，クスノキの成分であるカンファー（camphor；ド
イツ語読みでカンフルともいう，日本語は樟脳），除虫菊の成分である菊酸な
どもモノテルペンである（図6・3）．メントール，リモネン，カンファーのよ

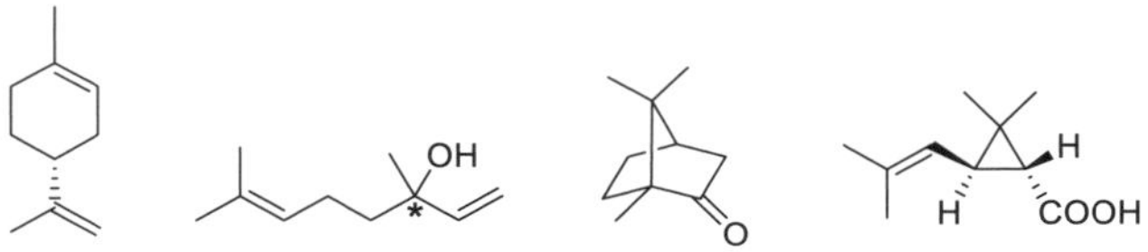

| リモネン | リナロール | カンファー | 菊 酸 |

図 6・3　モノテルペン

うに，炭素6個からなる環状構造（6員環という）をもつ化合物が多い．また，
リナロールでは，図中に＊印をつけた不斉炭素原子に関する両方の鏡像異性体
（§2・2・1参照）が天然に存在する．

6・2・3　セスキテルペン ── マラリアに対抗する

　セスキテルペンは三つのイソプレン単位からなる化合物群で，植物界に非常
に多い．炭素骨格のバリエーションが多く，有機化学者の興味をひいてきたが，
生体内における役割のわかっているものは少ない．セスキテルペンの例を図
6・4に示す．アルテミシニンは抗マラリア活性を示す化合物で，2015年の

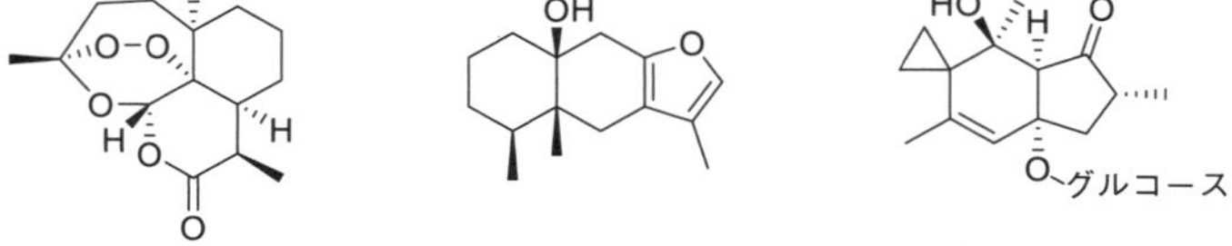

| アルテミシニン | テトラジモール | プタキロサイド |

図 6・4　セスキテルペン

ノーベル生理学・医学賞の受賞対象となった．酸素-酸素結合をもつユニークな構造の化合物であり，合成研究も盛んに行われてきた．テトラジモールはある種のキク科植物が大量に生産する化合物で，種の勢力拡大に一役買っている（コラム 2 参照）．アルテミシニンとテトラジモールはイソプレン単位でうまく区切れない．これは生合成過程で炭素骨格の転位[*1]が起こっているためである．プタキロサイド[*2]はワラビに含まれる発がん物質である（§6・5参照）．

6・2・4　ジテルペン — 種なしブドウをつくる

ジテルペンは C_{20} の化合物群であり，6 員環をもつ化合物が多い．ジテルペ

COLUMN 2

攻撃は最大の防御なり

　中国雲南省に生育する舟葉囊吾（*Ligularia cymbulifera*，キク科）という植物は，根にテトラジモール（構造式は図 6・4）というセスキテルペンを大量に生産する．この種は他種を押しのけるように勢力を拡大し，一部地域では畑と見間違えるほどで ある（写真）．2017 年，中国の研究グループにより，"この植物の放出するテトラジモールが他種の生育を抑制している"ということが明らかにされた．ふつう二次代謝産物は防御物質といわれるが，攻撃は最大の防御なのである．

　一方，テトラジモールをつくれない近縁種は細々と生きている．そのような種は生存競争に負けて絶滅に向かうか，または舟葉囊吾と交雑して遺伝子を残すかの選択を迫られると予想される．実際，交雑種ではテトラジモールの存在が確認されている．

---

*1　**転位**（rearrangement）は結合している位置が変わるという意味である．"転移"ではない．
*2　プタキロサイドの骨格炭素数は 14 であるが，生合成過程からセスキテルペンに含まれる．なお，グルコース部分も含めると分子式は $C_{20}H_{30}O_8$ となるが，酸素原子や窒素原子を介してつながった部分は，骨格炭素には数えない．

ンの例として，先に述べたステビオールのほかに，ギンコライドAやジベレリンA$_1$がある（図6・5）．ギンコライドAはイチョウの葉から単離された化合物で，複雑な構造が有機化学者の興味をひき，人工的にも合成されている．ジベレリンは一群の類縁化合物から成る植物の成長ホルモンで（ジベレリンA$_1$はそのひとつ），種なしブドウをつくるために使われている．通常，被子植物では，受粉後，胚珠で受精が行われ，子房が成長して果実になるが，成長促進効果をもつジベレリンをつけると，受精しなくても子房の成長促進が始まり，種子をつくらずに果実が大きくなる．図6・5に示したジベレリンA$_1$をはじめとして，100種類以上の化合物が知られている．

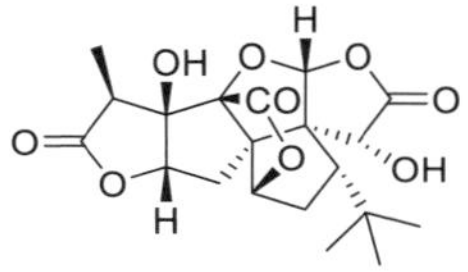

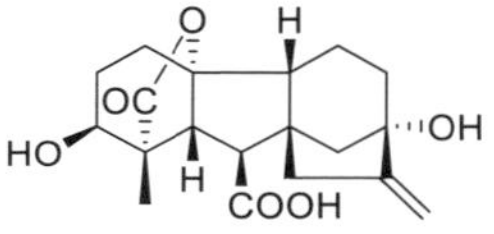

ギンコライドA   ジベレリンA$_1$

図6・5　ジテルペン

6・2・5　トリテルペン —— 自然界に多い環状化合物

　炭素数30のトリテルペンは植物のみならず，自然界に非常に多く見いだされている．その最も基本的な物質はサメの肝油から発見されたスクアレンである（図6・6）．多くのトリテルペンは環状構造をもち，スクアレンから環の形成を伴って生成する．その例であるラノステロール（図6・6）は動物および菌類に見られるトリテルペンで，後述するステロイドと関係が深い．またフ

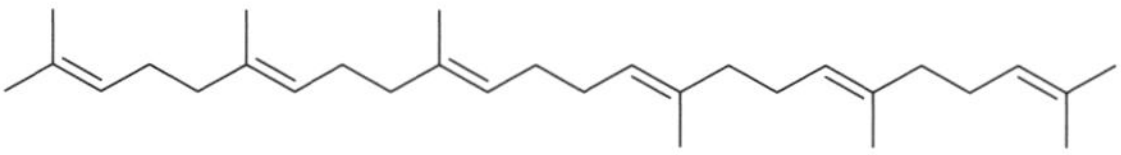

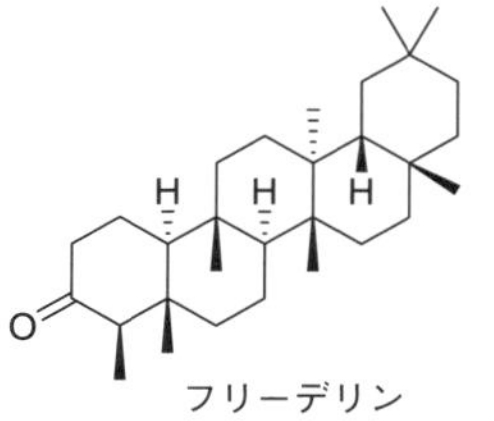

スクアレン

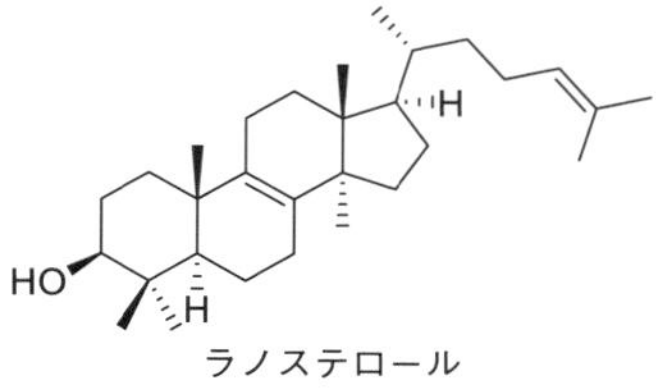

ラノステロール   フリーデリン

図6・6　トリテルペン

リーデリン（図6・6）はコルクの主要なトリテルペン成分である．植物には糖が結合した化合物が多く見いだされており，生薬に使われているものも多い（§6・6・1で述べる）．

6・2・6　カロテノイド* ── トマトやニンジンの色

　炭素数40のテトラテルペンは，炭素骨格の種類がさほど多くないので，一般には**カロテノイド**の名称が使われている．ニンジンに含まれる**β-カロテン**や，トマトの赤色色素であるリコペンなどがある（図6・7）．どちらも二重結合と単結合が交互に並んだ構造をもっている点に注目しよう．ニンジンのオレンジ色，トマトの赤色はこの構造に由来する．ビタミンAはC_{20}のジテルペンだが，生合成過程からカロテノイドに分類されることもある．ビタミンAの構造はβ-カロテンのちょうど半分になっている．β-カロテンは，体内で必要量に応じてビタミンAとなって働く．このように体内においてビタミンAとして働く健康成分はプロビタミンAとよばれている．

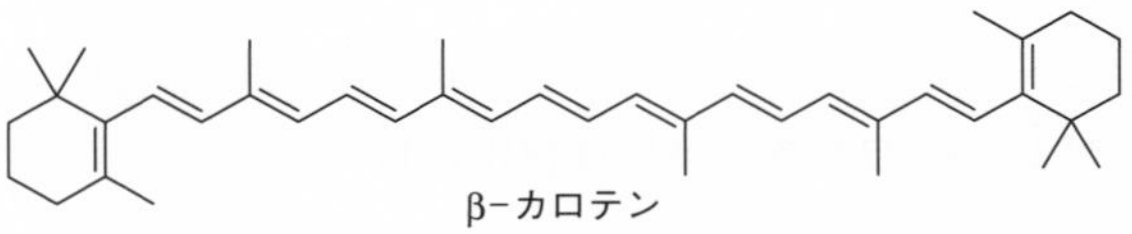

β-カロテン

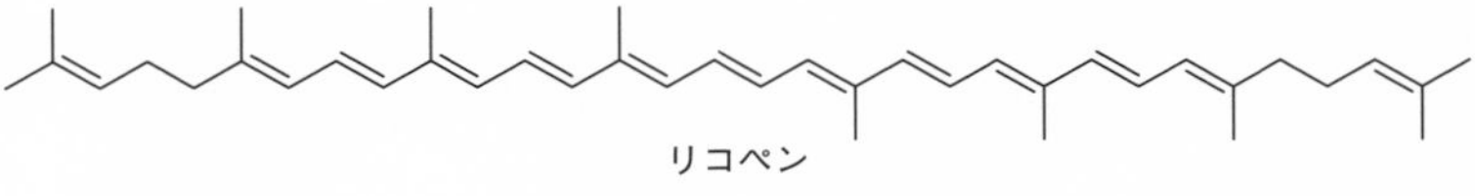

リコペン

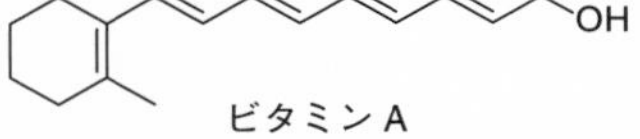

ビタミンA

図 6・7　カロテノイドとビタミンA

6・2・7　テルペンの生合成 ── 複雑な化合物群も根は一つ

　以上見てきたように，テルペンは多様な炭素骨格をもつ化合物群だが，イソプレン単位という共通項をもっており，その生合成経路が知られている．ここではメバロン酸を経由する経路を簡単に紹介する．出発物質はアセチルCoAで，解糖系からクエン酸回路に入るところに登場する化合物である．すなわち，

───────────

* カタカナでカロチノイドとも書くが，英語をカタカナでどう表現するかの違いなので重要な問題ではない．同様に，カロテン，リコペンは，それぞれカロチン，リコピンとも書く．

3分子のアセチル CoA から数段階の反応を経てメバロン酸となり，さらにリン酸化などを経てイソペンテニル二リン酸およびジメチルアリル二リン酸が生成する．この二つが基本化合物であり，テルペンの炭素骨格数が5の倍数となっている理由である（図6・8）．モノテルペン，セスキテルペン，ジテルペ

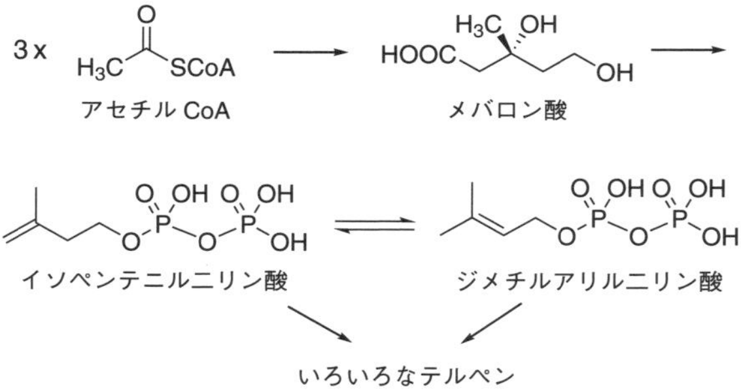

図 6・8　テルペンの生合成経路（メバロン酸経路）

ン，トリテルペン，およびカロテノイドは，この C_5 単位が二つ，三つ，四つ，六つ，および八つからできる．モノテルペンに香り物質が多く，カロテノイドに着色物質が多いなど，分子の大きさに依存する性質の違いは，C_5 単位の数の違いに由来する．二次代謝産物は種によって種類も役割も異なるが，このような共通の生合成経路があるということは，共通の先祖から進化してきたことを物語っている．

6・2・8　ステロイド ── 男女の感情を支配する

　ステロイドはトリテルペンから誘導される化合物群であり，6-6-6-5員環の基本構造をもっている．生理作用の面でヒトにとって重要な化合物が多いため，通常はトリテルペンとは別に扱われる．最もよく知られたステロイド化合物は**コレステロール***であろう．コレステロールは C_{27} 化合物であり，トリテルペンのラノステロールから生合成される（図6・9）．ヒトでは各種ステロイドホルモンなどの原料としても使われる．例としてあげたプロゲステロンは女

---

　*　HDL（高密度リポタンパク質），LDL（低密度リポタンパク質），あるいは善玉コレステロール，悪玉コレステロールという単語を耳にしたことがあるかもしれない．これらはコレステロールを含むリポタンパク質で，化合物名ではない．

性ホルモンであり，そこから炭素数が減少すると，テストステロン（男性ホルモン），さらにエストラジオール（女性ホルモン）となる．思春期になると異性に興味を抱くが，そのもとになる女性・男性ホルモンの構造上の差異が非常に小さいことは興味深い．プロゲステロンとテストステロンの違いは図6・9に示した分子構造の右上の部分だけである．環が開いた化合物も存在する．たとえば，コレカルシフェロールはビタミンDの一種で（ビタミンD₃），光反応などを経て生成する．

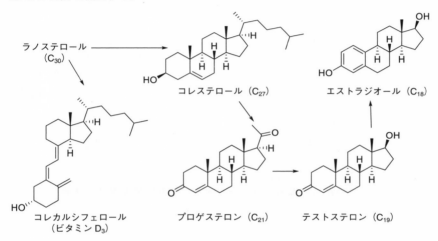

図 6・9　**コレステロールの生合成といろいろなステロイド**

6・3　アルカロイド，フェニルプロパノイド，フラボノイド

6・3・1　アルカロイド —— 毒をつくって身を守る

　アルカロイドとは，アルカリのような物質という意味でつけられた名称で，塩基性窒素原子を含む化合物の総称である．アルカロイドには有毒な物質が多い．よく知られた化合物を図6・10に示す．モルフィン（morphine；一般にはドイツ語読みでモルヒネともいう）はケシの有毒成分である．カフェインはコーヒーやお茶に含まれており，DNAの核酸塩基（§2・2・2参照）によく似た構造をもっている．

　ジテルペン系アルカロイドのアコニチンはトリカブトに含まれる有毒成分である．ソラニジンはステロイド系アルカロイドであり，その配糖体（OHの部

分に糖が結合した化合物）のソラニンは，ジャガイモ（栽培種では新芽部分）
に含まれる有毒成分である．これらは動物による食害から身を守るためのもの
である．ジャガイモはデンプン質を多く含んでいるが，デンプンは他の生物に
とって栄養素となりうるため，毒を混ぜることで他の生物に横取りされないよ
うにしている．栽培種は毒をもたないように品種改良したものであり，ジャガ
イモからみれば，人間に世話をしてもらうことで毒を生産する必要がなくなっ
た，ということである．

モルフィン　　　　　　　　カフェイン

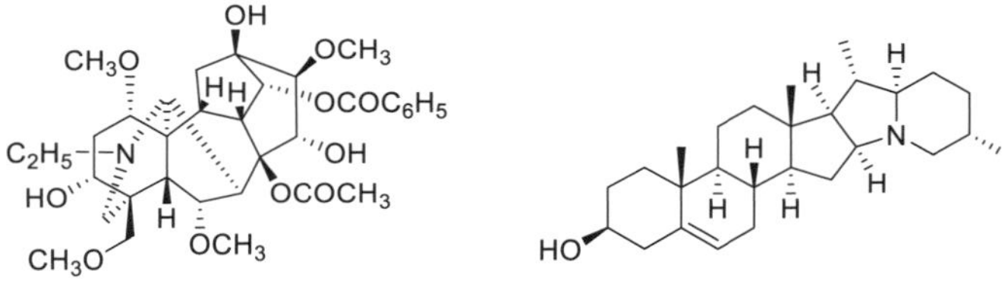

アコニチン　　　　　　　　ソラニジン

図 6・10　アルカロイド

6・3・2　フェニルプロパノイド —— 植物の体を支える

　天然には芳香族化合物も多い．**フェニルプロパノイド**とよばれる一群の芳香
族化合物が植物中によく見いだされる．フェニルプロパノイドは，その名の
とおり，フェニル基（ベンゼン環のこと）に C_3 側鎖（プロパン部分）が結合
した物質で，ケイ皮酸が代表例である（図6・11）．コニフェリルアルコール
およびその類縁体はリグニンなどの原料物質として植物界に広く分布する．

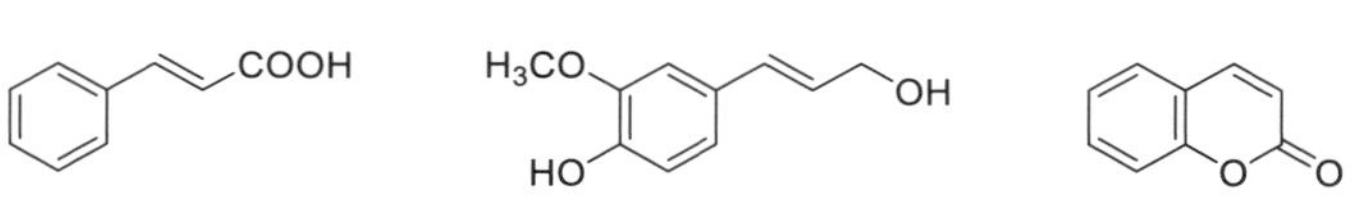

ケイ皮酸　　　　コニフェリルアルコール　　　　クマリン

図 6・11　フェニルプロパノイド

リグニンはセルロースとともに植物体を形成する重要な高分子であり，普遍性があるために一次代謝産物に分類されることもある．ケイ皮酸からさらに環を形成したクマリンは，桜の葉の芳香成分（桜餅の香り）である．

6·3·3　フラボノイド —— 花の色

　フラボノイドとよばれる C_6-C_3-C_6 の基本炭素骨格をもつ一群の化合物も芳香族系である．お茶に含まれるカテキン類や果物・野菜に含まれるアントシアニジン類などがあり，図6·12にそれぞれの例としてカテキンとシアニジン

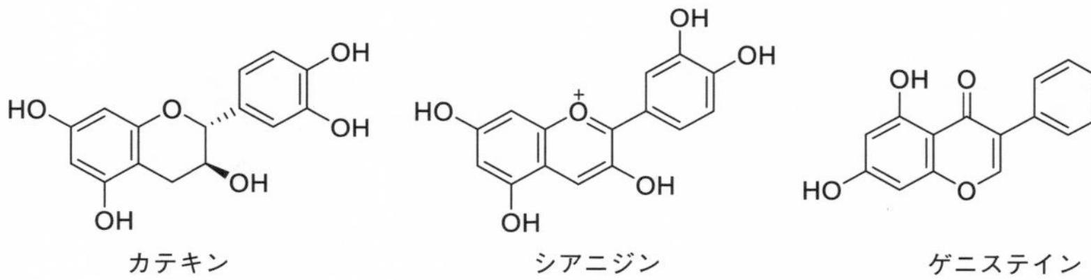

| カテキン | シアニジン | ゲニステイン |

図 6·12　フラボノイド

を示す．アントシアニジンに糖が結合したアントシアニンは花の色素である．酸素原子が正電荷をもった特徴的な構造をしており，芳香環上の置換基にバリエーションが多い．フラボノイドはフェノール性 OH 基の多い化合物で，**ポリフェノール**といわれる化合物群に属す．大豆に多いイソフラボン* （図6·12にゲニステインの例を示す）もこの仲間である．イソフラボンは炭素原子の並び方がカテキンやシアニジンと異なっている．

　複数のフェノール性 OH 基をもつ化合物（たとえば，ヒドロキノンやカテコール）では，酸化反応が容易に起こることが知られている（図6·13）．したがって，ポリフェノールは抗酸化作用をもつことが多い．

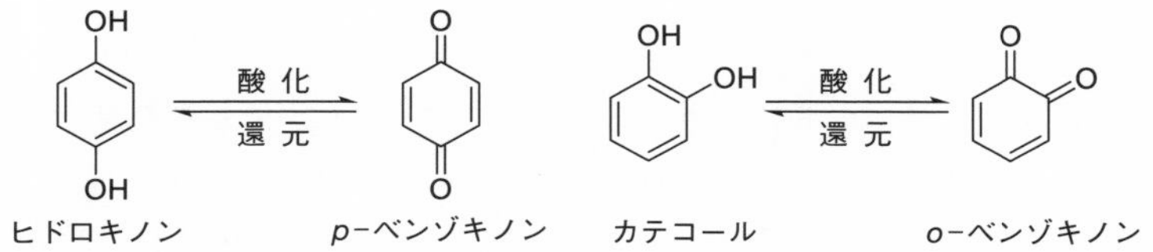

| ヒドロキノン | p-ベンゾキノン | カテコール | o-ベンゾキノン |

図 6·13　フェノール類の酸化還元反応

---

* “イソ”という接頭語は異性体（isomer）を表す語で，よく使われる．

6・4　その他の二次代謝産物

　すでに述べた化合物群に分類されない多くの二次代謝産物が知られている．その例を図6・14に二つ示す．テトロドトキシンはフグ毒アルカロイドで，日本人研究者によって複雑な構造が明らかにされた．動植物以外では，アオカビから単離された**ペニシリン**が有名である（図6・14にはペニシリンGを示す）．なかでも，海洋生物は多彩な有機化合物を生産する．§6・6・2でその例を示す．

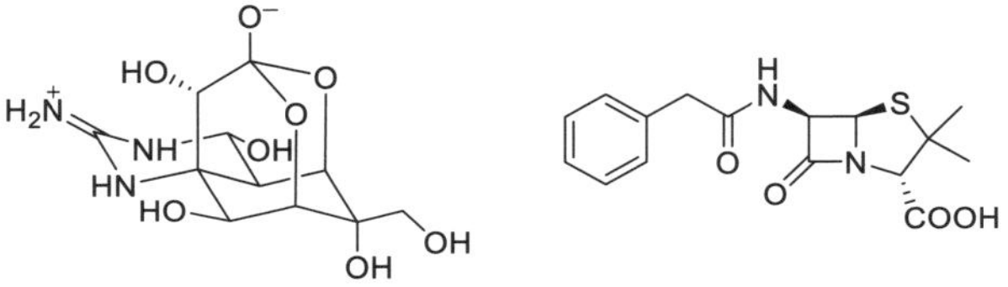

テトロドトキシン　　　　　　　ペニシリンG

図 6・14　植物成分以外の二次代謝産物

6・5　自然界における天然有機化合物の作用機構

　すでに述べたように，自然界における二次代謝産物の役割は大まかに防御物質ということはわかっていても，分子レベルでの機構がわかっている例は少ない．図6・15に，ワラビの発がん物質であるプタキロサイド（§6・2・3）の反応を示す．プタキロサイドのグルコース部分が加水分解されると，脱水を

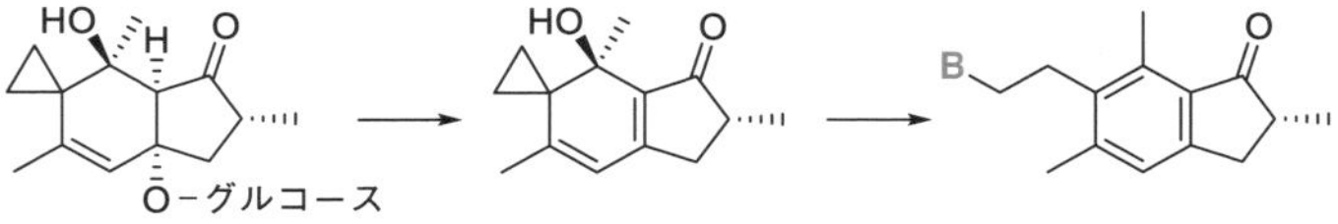

図 6・15　プタキロサイドの反応

伴って6員環と5員環の間に二重結合ができる．さらに，外から塩基が加わり，ひずみの大きい3員環が開くと同時にヒドロキシ基が脱離すれば，安定な芳香族化合物となる．Bは外から入った塩基を示す．ここで，BとしてDNA塩基が反応するとDNAを損傷し，発がんするといわれている．"あくぬき"はこの反応を前もって行うものであり，安定な芳香族化合物（Bは水由来のOH）にしてしまえば，発がん性の心配はない．官能基を適切な位置に配置したうえ

で，不安定な３員環から安定な芳香族へという反応の方向性を利用しており，感心するほど“よく計画された”物質である．

　梅や桃などのバラ科植物の種子に含まれている有毒物質のアミグダリンは，ベンズアルデヒドとシアン化水素が結合し，さらに２分子のグルコースが結合した化合物である（図6・16）．これが動物の胃の中に入ると，糖が加水分解

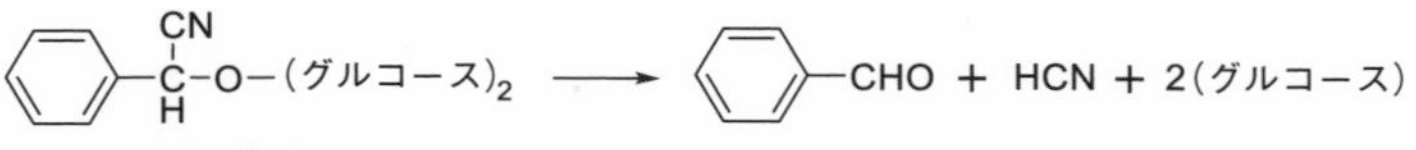

図 6・16　アミグダリンとその反応

されると同時に猛毒のシアン化水素（青酸ガス）が発生する．アミグダリンはシアン化水素を化学的に閉じ込めた物質といえる．ヒトは大型動物なので，微量のシアン化合物で死に至ることはないが，小動物にとっては致命的である．植物が美味しい果実をつくるのは動物に種子を運んでもらうためだが，種子そのものを食べられてしまっては困るのである．なお，農林水産省などからアミグダリン摂取に関する注意喚起がなされている（参考図書1）．

6・6　医薬への応用

6・6・1　生薬としての天然有機化合物

　最初に述べたように，これまで，人類は生物，特に植物が産するいろいろな二次代謝産物を漢方薬などの生薬として利用してきた．実際，すでに述べた化合物のいくつかは医薬品として使われている．§6・2・2で述べたカンファーは防虫剤のほかに消炎薬としても使われており，菊酸は蚊取り線香の有効成分である．ペニシリン系抗生物質（§6・4）の発見が多くの人命を救ったことはよく知られている（§9・4）．また，毒と薬は紙一重といわれるように，アルカロイドには薬になるものが多い．§6・3・1で紹介したモルフィン（モルヒネ）は鎮痛薬として使われており，カフェインには興奮作用，利尿作用があることが知られている．

　近年になり，機器分析を用いて化合物の構造を決定する方法が発達し，生薬の有効成分が次々と明らかになっている．抗マラリア活性を示すアルテミシニン（§6・2・3）もその一つで，古くから漢方薬として利用されていたキク科植

物のクソニンジンから単離，構造決定された．ギンコライドA（§6・2・4）は喘息の治療に効果があるとされている．プエラリン（図6・17）はクズの成分で，風邪薬として知られる葛根湯の有効成分の一つである．ベルベリン（図6・17）は日本の民間薬オウバクの苦味成分で，下痢止めなどとして古くから使われている．

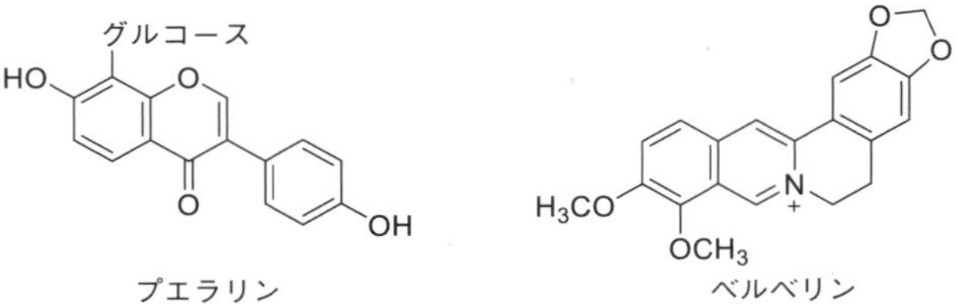

図 6・17　生薬成分

　生薬には**サポニン**とよばれる一群の化合物を有効成分とするものが多い．サポニンはトリテルペンやステロイドの配糖体（糖が結合した化合物，7章参照）で，天然に多く見いだされている（図6・18）．これらは疎水性のテルペン（ステロイド）部分と親水性の糖部分からなる両親媒性物質で，せっけんに似た性質をもっている．例にあげたジギトキシンは，西洋で古代から薬用や観賞用として栽培されてきたジギタリスの葉から得られるステロイド配糖体で，心臓の薬として知られている．朝鮮人参には，ジンセノサイドとよばれる一連のトリテルペン配糖体が含まれている（図はジンセノサイドRg1）．

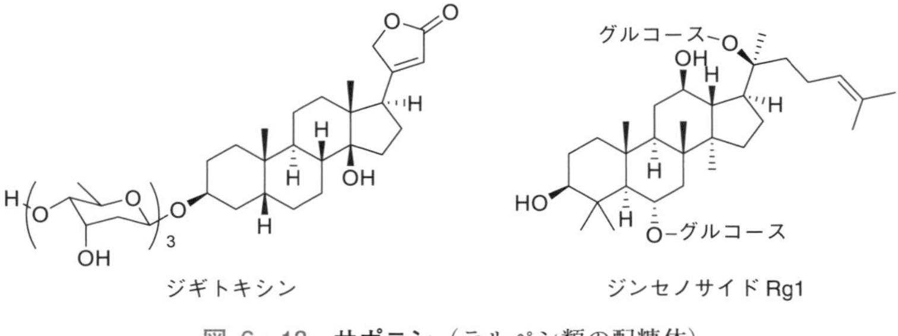

図 6・18　サポニン（テルペン類の配糖体）

6・6・2　新しい天然有機化合物の発見から新薬の開発

　海洋生物の産する化合物には強力な毒性をもつものや，分子構造の複雑なものが多く，有機化学者の興味をひきつけてきた．例として，ホヤの産するトラ

ベクテジン，およびクロイソカイメンの産するハリコンドリンBの構造式を
示す（図6・19）．ほかにもエーテル結合やヒドロキシ基を多数もつ複雑な化
合物が見つかっている．ハリコンドリンBは強力な抗腫瘍活性を示す物質で，
その複雑な構造式が有機化学者の興味をいっそうひきつけ，人工的に合成する
研究も行われた．その過程で，構造式の右半分に十分な活性があることが判明
し，エリブリン（商品名ハラヴェン）という抗腫瘍薬（§8・4参照）の開発に
つながった．トラベクテジン（商品名ヨンデリス）とともにすでに実用化さ
れている．ほかに，天然物研究から新薬の開発につながった例として，イチイ
の樹皮から単離されたテルペン系がん治療薬パクリタキセル（商品名タキソー
ル）およびその類縁体ドセタキセル（どちらも構造式および作用部位について
は§8・4参照）が知られている．

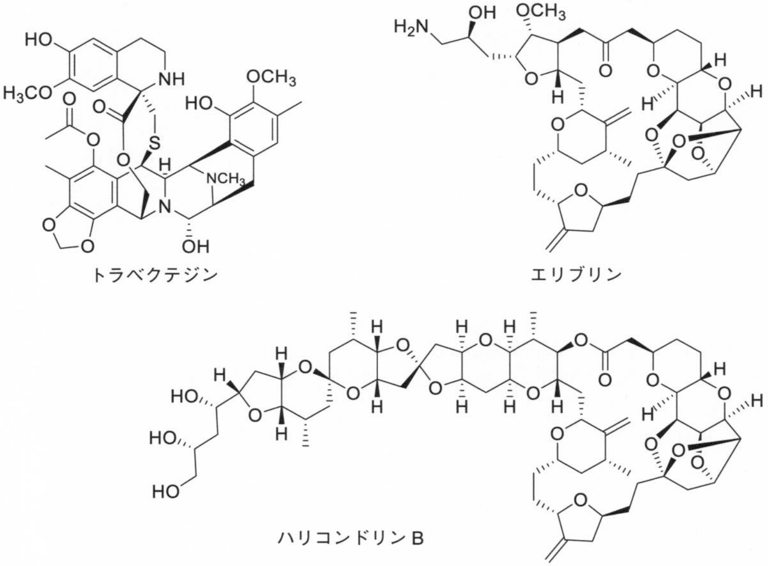

トラベクテジン　　　　　　　　　エリブリン

ハリコンドリンB

図 6・19　**有用な二次代謝産物**

6・7　まとめと今後の展望

　本章では，テルペンを中心にいくつかの天然有機化合物を紹介した．もちろ
ん，幅広い天然有機化合物のなかにあっては，ごく一部にすぎない．近年では，

機器分析の発展に伴って新規化合物が毎日のように発見されており，その数は膨大である．反面，二次代謝産物は広い意味で防御物質とされるものの，各化合物の自然界における役割はほとんど解明されていないといってよい．二次代謝産物の生産は進化の過程でさまざまなファクターが絡み合って誕生したものである．イソプレン則などの構造上の共通性は共通の先祖があることを物語っている．進化や種分化は現在も進行中であり，さらに研究が進めば過去の進化経路だけでなく，将来像が見えてくる可能性もある（コラム 2，p.79 参照）．人類を含む生物の将来の姿を探るのは大きなロマンであり，今後に研究に期待したい．

　一方，§6・6 で触れたが，生理活性，特にヒトに対する活性をもつ化合物は薬学，医学にとっても重要である．生薬の有効成分の特定，作用機構に関する研究が現在盛んに行われている．また，続々と発見される新規化合物の多くには大なり小なり生理活性が見いだされている．最近では AI（人工知能）を駆使して作用機構を解明しようとする研究も盛んに行われている．

　天然物化学には，自然のしくみを理解しようとする研究と，医薬品の開発を通じて人命を救うための研究の両方向がある．本章では前者の観点からの記述を主としたが，今後は医薬への応用研究もますます発展するものと思われる．

参考図書など

1) 農林水産省 Web サイト，"ビワの種子の粉末は食べないようにしましょう"（https://www.maff.go.jp/j/syouan/seisaku/foodpoisoning/naturaltoxin/loquat_kernels.html）
2) "パートナー天然物化学（改訂第 3 版）"，海老塚 豊，森田博史，阿部郁朗 編，南江堂（2016）.
3) "天然生理活性物質の化学"，多田全宏，綾部真一，石橋正己，廣田 洋 著，宣協社（2006）.
4) "ステロイドの化学"，高橋知義，堀内 昭 著，研成社（2010）.
5) "Terpenes: Flavors, Fragrances, Pharmaca, Pheromones"，E. Breitmaier, Wiley-VCH（2006）.
6) "薬学・生命科学のための有機化学・天然物化学"，S. D. Sarker, L. Nahar 著，伊藤 喬，鳥居塚 和生 訳，東京化学同人（2012）.

7

糖鎖は第三の生命鎖

7・1 は じ め に

7・1・1 糖鎖は核酸，タンパク質に続く"第三の生命鎖"である

　われわれの身体を構成するタンパク質の情報は，核酸（DNA）に書き込まれており，タンパク質はその情報に基づいてつくられる．このような遺伝情報は，DNA が複製することにより，子孫へと伝えられる（3章参照）．

　一方，作製（翻訳）されたタンパク質の多くは，さまざまな糖鎖が付加して，実際にわれわれの身体で働く形となる（図7・1）．糖鎖はタンパク質の働きに

図 7・1　**糖鎖は，"第三の生命鎖"である**

多様性を与えて，いろいろな生体反応の場でタンパク質の働きを容易にしている．糖鎖の大きさは，タンパク質より小さかったり，大きかったり，いろいろである．また，細胞膜（§2・2参照）にある脂質の一部も，さまざまな糖鎖の付加を受けている．このように，糖鎖はタンパク質や脂質に付加され，広く身体に分布して，多様な生命反応を調節している．このため，糖鎖は核酸，タンパク質に続く，"第三の生命鎖"とよばれている．本章では，ヒトの血液型，遺伝性疾患，ウイルス感染など生命現象のさまざまな局面で働く糖鎖の役割と利用について述べる．

7・1・2 単糖, 多糖, 糖鎖

炭水化物はタンパク質, 脂肪とともに, 三大栄養素の一つである. 一般的な化学式は $C_m(H_2O)_n$ であり, 炭素と水からできているという意味で炭水化物という名前がつけられている. 炭水化物は**糖類**ともよばれる. 炭素数が3の基本となる糖類（単糖という）をトリオース, 炭素数が4, 5, 6の単糖をそれぞれ, テトロース, ペントース, ヘキソースという. また, 同じ単糖でも, ホルミル基とヒドロキシ基を含む鎖状構造と, ヒドロキシ基がホルミル基に結合した環状構造とがある. 炭素数が6のグルコースの例を図7・2に示す. 6員環をグ

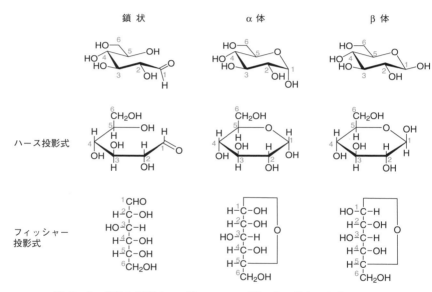

図 7・2 **鎖状と環状の D−グルコースの形**. 赤い数字は炭素につけられた番号を表す.

ルコピラノースといい, α体（α−グルコピラノース）とβ体（β−グルコピラノース）が存在する. このような異性体を互いに**アノマー**であるという. グルコースには4本の手に結合する置換基の種類がすべて異なる不斉炭素が含まれるので, 光学活性な分子であり（図2・2参照）, L体とD体が存在する. そのうち本章ではおもにD体を用いて説明する. また, 糖鎖では環状の形を扱うので, 以下ではグルコピラノースも単にグルコースとよぶことにする.

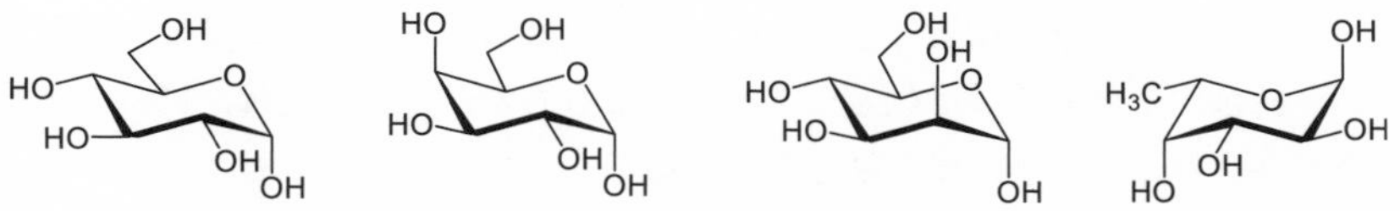

D-グルコース（Glc）   D-ガラクトース（Gal）   D-マンノース（Man）   L-フコース（Fuc）

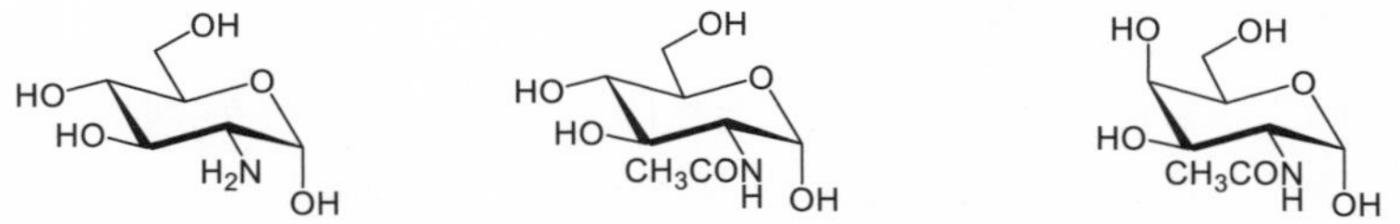

D-グルコサミン（GlcN）   N-アセチル-D-グルコサミン   N-アセチル-D-ガラクトサミン
                          （GlcNAc）   （GalNAc）

図 7・3 ヘキソースとその誘導体の例. 哺乳類に存在するフコースはL体である.

　さらに，ほかの置換基の相対的な位置関係によって，グルコース（Glc）は
ガラクトース（Gal）やマンノース（Man）になる（図7・3）. グルコースや
マンノースは樹液や果汁などに含まれ，ガラクトースは乳製品などに含まれ
る. グルコースはエネルギー源として使われている. また，単糖にはさまざま
な誘導体があり，ガラクトースの $-CH_2OH$ が $-CH_3$ になった化合物をフコー
ス（Fuc）といい，2位の $-OH$ が $-NH_2$ になった化合物をグルコサミン
（GlcN）という. 自然界では $-NH_2$ に $-COCH_3$ が結合した N-アセチルグル
コサミン（GlcNAc）として存在している. ガラクトースにも N-アセチルガ
ラクトサミン（GalNAc）がある（図7・3）.
　2分子の単糖が縮合して二糖になる. このときにできる結合を**グリコシド結合**
という. 単糖がグリコシド結合で重合したものが多糖である. たとえば，β-グ
ルコースが鎖状に1,4結合で連なった化合物がセルロースである（図7・4）.

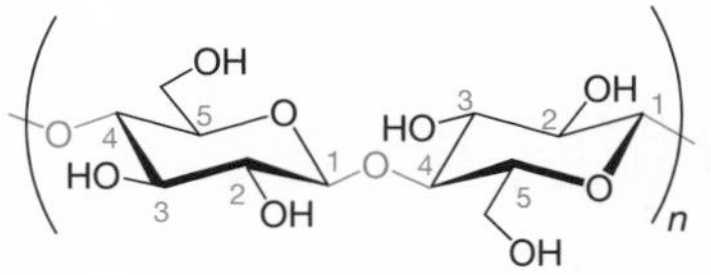

図 7・4 **セルロースの構造**. 赤い数字は
炭素につけられた番号を表す.

セルロースは植物細胞壁の主成分であり，強固な構造を保つ役割をもち，藻類
や細菌にも存在する. デンプンも多糖である. α-グルコースがグリコシド結
合で重合しており，植物の貯蔵エネルギーとなる.

　一方，タンパク質や脂質に結合した複合糖質として存在する多糖類を**糖鎖**といい，結合する単糖の数は数万個に及ぶこともある．生体内では，ほかの多糖と異なり，糖類はさまざまな細胞間の情報のやり取りにかかわっている．

7・2　細胞表面の糖鎖

　タンパク質あるいは脂質と結合した糖鎖は，生体内で情報のやり取りなど，重要な役割を果たす．それぞれを**糖タンパク質**あるいは**糖脂質**という．細胞外に分泌されるタンパク質の多くは，糖タンパク質である．また，細胞膜の表面に局在する膜タンパク質の多くも糖タンパク質である（図7・5a）．その割合は50〜80％といわれている．細胞膜には糖脂質もあり，その脂質部分は細胞膜に埋まっているが，糖鎖部分は細胞膜の外側にある．電子顕微鏡で見ると，細胞の表面は糖タンパク質と糖脂質の糖鎖で覆われていることがわかる（図7・5b）．これを**グリコカリックス**とよぶ．

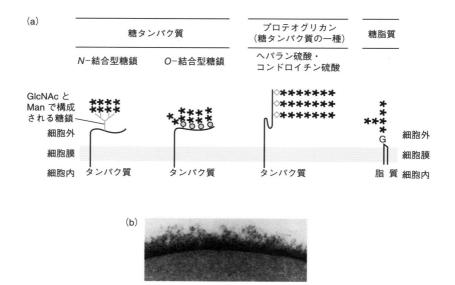

図7・5　**細胞の表面を覆うさまざまな糖鎖**．細胞表面の模式図（a）と電子顕微鏡写真（b）．◎はGalNAc（N-アセチルグルコサミン），◇はXyl（キシロース），GはGlc（グルコース），✽はさまざまな糖を示す．

　糖鎖の種類と構造は多様であり，細胞のおかれている状態，すなわち，どのような組織か，正常な状態か，疾病かなどを反映する．このため，糖鎖はがんなどの疾病のマーカーや，再生医療に用いる細胞のマーカーとしても利用される．また，インフルエンザなどのウイルス（図7・11）や細菌は，細胞への感染の足がかりとして，細胞表面の糖鎖を利用する．以下では，糖鎖がどのようにしてつくられ，生物内でどのような機能，役割をもつかについて説明する．

7・3　糖鎖とタンパク質や脂質との結合

　タンパク質への糖鎖の結合様式は二つに大別できる（表7・1，図7・5も参照）．**N-結合型**と**O-結合型**である．たとえば，N-結合型はタンパク質の構成アミノ酸であるアスパラギン（Asn）のアミド基にN-アセチルグルコサミン（GlcNAc）が結合する．O-結合型はタンパク質の構成アミノ酸であるセリン（Ser），あるいはトレオニン（Thr）のヒドロキシ基にN-アセチルガラクトサミン（GalNAc）が結合したり（ムチン型），ペントースの一種であるキシロース（Xyl）が結合したりする（プロテオグリカン型）．それらを起点にして，さまざまな糖鎖が伸長する．このほかにも，フコース（Fuc），マンノース（Man），N-アセチルグルコサミン（GlcNAc）が結合する場合もある．一方，細胞膜に高濃度に含まれる脂質の一種であるセラミド（Cer: ceramide）には，おもにグルコース（Glc）が，場合によっては，ガラクトース（Gal）が結合し，その後さまざまな糖鎖が伸長する．

表 7・1　**糖鎖の種類と結合様式**

	結合様式		糖とタンパク質あるいは脂質の結合部位
糖タンパク質	N-結合型糖鎖		GlcNAc-Asn
	O-結合型糖鎖	ムチン型	GalNAc-Ser/Thr
		プロテオグリカン型	Xyl-Ser
		O-フコース	Fuc-Ser/Thr
		O-マンノース	Man-Ser/Thr
		O-(N-アセチルグルコサミン)	GlcNAc-Ser/Thr
糖脂質			Glc-Cer または Gal-Cer

7・4　小胞体，ゴルジ体における糖タンパク質，糖脂質の合成

　DNA の遺伝情報は mRNA へと転写され，粗面小胞体上のリボソームでタンパク質に翻訳される（図 3・3 参照）．翻訳されたタンパク質は，小胞体膜にある孔，つまり，トランスロコンを通って小胞体の内腔へ入る（図 7・6）．それと同時に，タンパク質の Asn-X〔プロリン（Pro）以外のアミノ酸でも可〕-Ser/Thr のアスパラギンに N-結合型糖鎖の大きなカセット（14 糖から成る）が転移する．さらに，糖タンパク質は小胞体，ゴルジ体（p.16，コラム）を通過する間に，グルコシダーゼやマンノシダーゼなどのグリコシド結合を加水分解する酵素により糖鎖が短くなり（刈込み），その後，N-アセチルグルコサミン転移酵素，ガラクトース転移酵素，シアル酸転移酵素，フコース転移酵素な

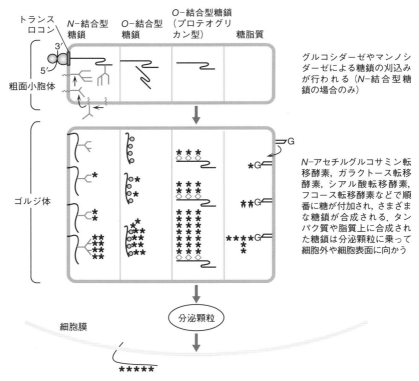

図 7・6　細胞内における糖鎖の刈込みと糖転移酵素による伸長過程．○は GalNAc，◇ は Xyl，G は Glc，★はさまざまな糖を示す．

どの糖ヌクレオチドから糖を転移する糖転移酵素による糖の付加が行われ，糖鎖は伸長する．一部を除いたほとんどの O−結合型糖鎖の付加はタンパク質がゴルジ体内腔に輸送されてから開始され，その後，糖タンパク質は細胞表面，あるいは細胞外に向かう．一方，糖脂質の糖鎖の合成・伸長はゴルジ体内腔で開始され，その後，細胞膜に向かう．

7・5　生物進化と糖転移酵素の進化

　ヒトには 200 種近くの糖転移酵素があり，ショウジョウバエにはその半数程度がある．糖転移酵素は糖鎖の合成・伸長の直接の担い手なので，それらの性質を調べると，合成される糖鎖を予測できる．また，糖転移酵素を解析することによって，生物の進化の過程を知ることもできる．図7・7に，共通の先祖から核をもたない原核生物と核をもつ真核生物に分かれ，真核生物が植物と後生生物に分かれ，その後，脊椎動物に進化するまでに，糖転移酵素のファミリーがどのように変化したかを示した．

　図7・7を見ると，生物の共通の先祖からショウジョウバエに進化するまで

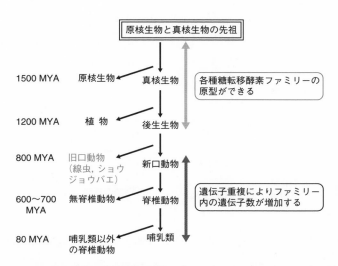

図 7・7　**生物の進化と糖転移酵素の進化**．ここで，年代を表す MYA（million years ago）は百万年前を意味する単位である．たとえば，ショウジョウバエは 800 MYA（8×10^8 年前）だから，8 億年前に誕生したことを表す．

に，基本的な糖転移酵素ファミリーのセットが完成されている．それ以降の進化の過程では，遺伝子重複により各糖転移酵素ファミリー内で遺伝子数が増加し，さらに，細かい基質特異性の違いが生みだされて，いっそういろいろな糖鎖が合成され，種に多様性がもたらされた．

　一方，ショウジョウバエとヒトで1：1に保存されている糖転移酵素もある．アミノ酸配列も似ており，糖転移活性も酷似している．重要な糖転移酵素は異なる種にも共通して保存され，それが合成する糖鎖も保存される．したがって，保存される糖鎖は重要な機能を担っている（§7・7参照）．

7・6　糖転移酵素の遺伝型で決まる血液型

　糖鎖が種に多様性を与えている例が血液型である．1種類の糖転移酵素の対立遺伝子[*1]の変異がヒトの**ABO式血液型**を決めている．A型とB型の糖転移酵素では，遺伝子（DNA）の4個の塩基の変異に起因して，四つのアミノ酸が異なっている．これにより，糖の転移活性は変化し，A型ではGalNAcが付加された**A型糖鎖**が合成され，B型ではGalが付加された**B型糖鎖**が合成され，おのおの赤血球の表面に現れる（図7・8）．一方，O型では，DNAの一塩基が欠損しているため，コドンの読み枠がずれ，やがて終止コドン[*2]が出現する．短い糖転移酵素は活性をもたず，O型の赤血球の糖鎖にはGalNAcとGalのいずれも付加されない（**H型糖鎖**という）．

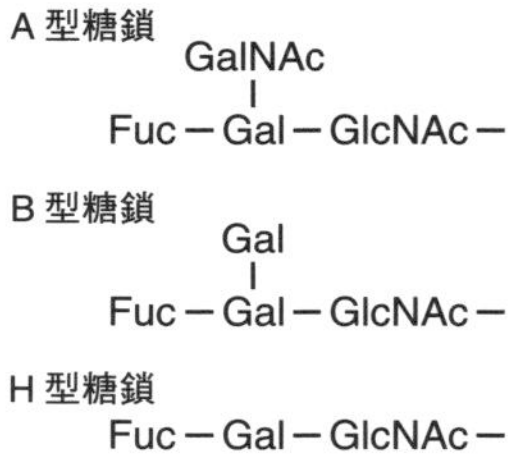

A型糖鎖
```
        GalNAc
          |
Fuc － Gal － GlcNAc －
```

B型糖鎖
```
        Gal
         |
Fuc － Gal － GlcNAc －
```

H型糖鎖
```
Fuc － Gal － GlcNAc －
```

図 7・8　**赤血球表面の糖鎖の種類**

---

*1　片親の遺伝子と，もう片親の遺伝子の二つがあるとき，同じ遺伝子座を占める個々の遺伝子を**対立遺伝子**とよぶ．

*2　**終止コドン**とは，対応するアミノ酸（と tRNA）がなく，最終産物であるタンパク質の生合成を停止させるために使われているコドンのこと．一つのアミノ酸を決める三つの塩基配列（コドン）の読み枠がずれると，翻訳を続ける間に確率的に終止コドンが必ず出現する．

　輸血の際，血液型の適合が不可欠である．なぜだろうか．ヒトには異物（抗原）に対して抗体をつくり，異物を破壊して排除するしくみがある．これを**抗原−抗体反応**（あるいは免疫反応）という．上述したようにA型の赤血球の表面にはGalNAcを付加したA型糖鎖（図7・9aのi）があり，B型の赤血球の表面にはGalを付加したB型糖鎖（図7・9aのii）がある．A型のヒトにとってA型の赤血球は異物ではないので，A型糖鎖に対する抗体（抗A型糖鎖抗体）は血漿中にはない．しかし，A型のヒトにとってB型の赤血球は異物なので，血漿中に抗B型糖鎖抗体（図7・9bの**Y**）がある．したがって，図7・9(c)のように抗原−抗体反応が起こるので，A型のヒトにはB型の血液を輸血できない．

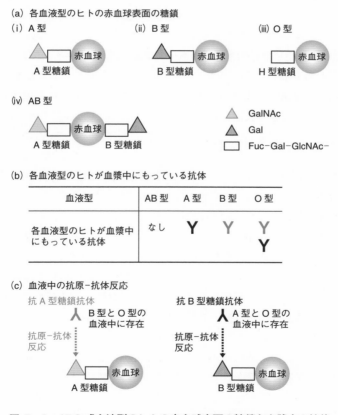

図 7・9　**ABO 式血液型のヒトの赤血球表面の糖鎖と血漿中の抗体**

　一方，B型のヒトにとってB型の赤血球は異物ではないので，抗B型糖鎖抗体はない．しかし，A型の赤血球は異物なので，血漿中に抗A型糖鎖抗体をもつ（図7・9bの Y）．したがって，図7・9(c)のように抗原–抗体反応が起こるので，B型のヒトにはA型の血液を輸血できない．O型の赤血球の表面にはA型糖鎖もB型糖鎖もないので（図7・9aのⅲ），O型のヒトの血漿中には抗A型糖鎖抗体と抗B型糖鎖抗体がある（図7・9b）．したがってO型のヒトはA型の赤血球もB型の赤血球も異物とみなす．逆に，AB型のヒトの赤血球の表面には，A型糖鎖とB型糖鎖があるので（図7・9aのⅳ），血漿中には抗A型糖鎖抗体も抗B型糖鎖抗体もない（図7・9b）．つまり，A型の赤血球もB型の赤血球も抗原とみなさない．

　抗原–抗体反応を起こさないためには，輸血は同じ血液型のヒト同士で行うことが原則である．しかし，患者の血液型を調べる余裕がないとか，同型の血液が不足しているなどの緊急事態では，O型の赤血球濃厚液（血漿中の抗体や白血球などを極力取除いたもの）を使う異型輸血も可能である．O型の赤血球にはA型糖鎖もB型糖鎖もないため，抗A型糖鎖抗体や抗B型糖鎖抗体があっても，抗原–抗体反応が起こらないからである．

7・7　先天性糖鎖異常症

　糖鎖の合成がうまくいかないと，ヒトは病気になる．**先天性糖鎖異常症**（CDG: congenital disorders of glycosylation）は，糖鎖合成が障害されるために起こる疾患群の総称で，70種類の疾患がこれに含まれる．§7・4で述べたように，糖鎖は小胞体内腔とゴルジ体内腔で順次合成される（図7・6）．直接，糖鎖合成にかかわる糖転移酵素以外にも，ゴルジ体の構成にかかわるタンパク質の遺伝子に欠損があると，糖鎖合成が阻害されて糖鎖不全が起こり，CDGをひき起こす．このような例は年々増加してきており，CDGの原因は100種類以上あると考えられている．また，糖鎖はタンパク質に対する主要な修飾であり，タンパク質がかかわる現象，すなわち，生命現象・活動のほとんどすべてに関与する．このため，CDGは精神発達遅滞，脳萎縮，成長障害，四肢の異常，血液凝固異常，免疫不全，筋緊張低下，肝機能障害など，さまざまな症状をひき起こす．糖鎖不全の程度によっても症状が出る年齢や重症度が違うので，未診断疾患（現在，診断がつかないとされている疾患）がCDGの一つであ

る可能性も高い．しかし，少数の人々にしか発生しない場合も多いので，原因がわかっている場合でも，CDG ではなく希少疾患（患者数がわが国において 5 万人未満の疾患）として分類されているものも多い．

新たな広義の CDG の一つに**ジストログリカノパチー**がある．細胞外マトリックスは細胞が分泌した巨大分子から構成される網目状の構造であり，細胞と細胞の隙間を満たしている．骨格筋では，細胞骨格に結合している棒状の細胞質タンパク質ジストロフィンに，さまざまな糖鎖が付加したジストログリカンと膜タンパク質の複合体が結合して，細胞内の細胞骨格と細胞外マトリックスをしっかりとつなぎ，筋細胞の強度を保っている．この複合体のタンパク質あるいは糖鎖のどれか一つが欠損しても，筋肉は強度を保てなくなり，筋ジストロフィーになる．ジストログリカンに付加されている O-マンノース（O-Man）型糖鎖の不全による疾患をジストログリカノパチーという．筋肉の脆弱化に加え，眼疾患や脳症も併発する．タンパク質に Man を付加する O-マンノース転移酵素 1 と 2 は，ショウジョウバエからヒトまで保存されており，これが欠損すると，ショウジョウバエでも患者と同様の症状を示す．種を超えて保存されている重要な糖鎖機能の一例である．

7・8　がんにおける糖鎖と腫瘍マーカー

糖鎖は細胞のおかれている状態を反映して顕著に変化する．正常な組織とがん組織では発現している糖鎖が異なるので，糖鎖は**腫瘍マーカー**＊としても用いられる．CA19-9（Carbohydrate Antigen 19-9）は糖鎖抗原のひとつで，NS19-9 というモノクローナル抗体で検出されるが，膵がんや胆道系のがん（胆管がんや胆嚢がん）の組織などで高頻度に発現し，血中にも検出される．したがって，これらはがんの再発を知るすぐれたマーカーとなる．この糖鎖構造の合成にかかわる最後の糖転移酵素は**ルイス酵素**（ルイス A 糖鎖を合成するフコース転移酵素 FUT）である．ルイス酵素はヒトだけがもつ．

ルイス酵素はヒトで変異がみられる．日本人では，活性があるルイス酵素の遺伝子座（Le）の割合は 69％であり，活性のないルイス酵素の遺伝子座（le）の割合が残りの 31％である．活性がない遺伝子座では，DNA の一塩基の置換

＊　がんの進行とともに増加する生体内の物質のことを腫瘍マーカーといい，おもに血液中に遊離してくる物質を，抗体を使用して検出する．

（SNP: single nucleotide polymorphism）によって，一つのアミノ酸が変化し，そのために酵素の活性が失われている．活性のない遺伝子座のホモ接合体（*le/le*）の日本人は活性のないルイス酵素しかもたない．すなわち，約10 %（0.31×0.31×100 %）の日本人は *le/le* のために，CA19-9 を腫瘍マーカーとして使えず，これによるがんの再発検知ができない．酵素の不活性化の様子は人種によっても異なっており，糖鎖が種に多様性を与えている一例でもある．

7・9　細胞表面の糖鎖を利用した感染 —— インフルエンザウイルス

　上述したように，細胞の表面には多様な糖鎖がある（図7・5参照）．インフルエンザウイルス，C 型肝炎ウイルス，B 型肝炎ウイルス，デングウイルス，日本脳炎ウイルス，リフトバレー熱ウイルス，マラリア原虫，ヘリコバクター・ピロリ，種々の腸内細菌などは，糖鎖を感染の足がかりとして利用する．感染経路における糖鎖の役割の解明は，これらがひき起こす感染症に対する新薬の開発に役立つ創薬ターゲットを教えてくれる．ここでは，例としてインフルエンザウイルスを以下に示す．

　現在まで，糖鎖と感染の関連が最も研究されているのが**インフルエンザウイルス**である（図7・10）．インフルエンザウイルスは，糖鎖を受容体とするこ

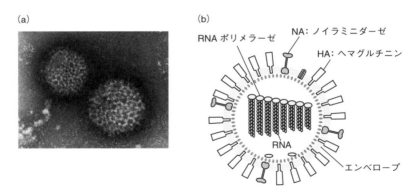

図 7・10　**A型インフルエンザウイルスの電子顕微鏡写真**（a）**と模式図**（b）

とが古くから知られている．インフルエンザウイルスは球状の RNA ウイルスであり，その表面は脂質二重層膜のエンベロープで覆われ，糖タンパク質の**ヘマグルチニン**（HA），酵素の**ノイラミニダーゼ**（NA）がスパイク状に突き出

ている．A型インフルエンザウイルスのHAとNAは抗原性が大きく異なり，16種類のHAと9種類のNAがある．その組合わせによって，H1N1からH16N9までの亜型に分類される．

HAが宿主細胞上のシアル酸（Sia）を含む糖鎖（シアロ糖鎖：Siaα2,3GalあるいはSiaα2,6Gal）に結合して，感染が始まる（図7・11）．シアル酸は九炭糖で1位にカルボキシ基，5位にアミノ基をもつノイラミン酸（図7・12）の修飾体の総称であり，アミノ基などに置換がある．この置換の種類の感染に与える

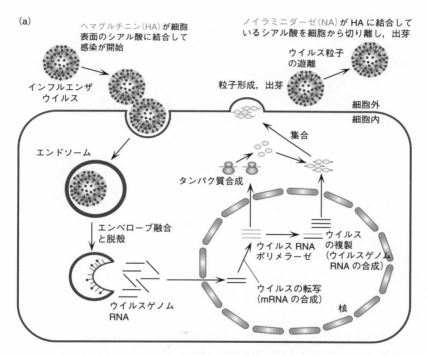

図 7・11　**インフルエンザウイルスの感染と糖鎖の役割：A型インフルエンザウイルスの生活環．** エンドソーム：細胞が外部から取込んだものを処理する小胞．

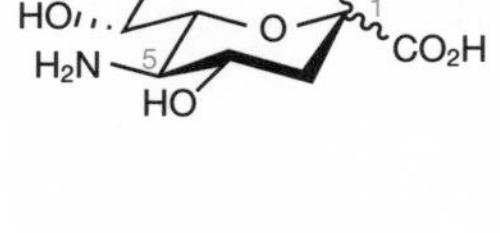

図 7・12　**ノイラミン酸（Neu）の構造．** 波線は，結合が紙面の表側，裏側のどちらの場合もあることを示す．

影響は明らかではない．宿主細胞で増殖したウイルスは，やがて出芽し放出される（図7・11）．

　宿主細胞からウイルス粒子を遊離させるためにNA（ノイラミニダーゼ）が働く．NAは細胞表面の糖鎖をシアル酸の結合で切断する酵素で，この働きによって新たにつくられたウイルス粒子が宿主細胞から遊離される．

　A型インフルエンザウイルスは，トリ（カモなどの水禽）では腸の上皮細胞に，ヒトやブタでは気道上皮細胞に感染して増殖する．カモの腸にはSiaα2,3Gal構造が発現していて，トリに感染するウイルスのHAは"α2,3でGalに結合したSia"，すなわち，Siaα2,3Galに結合する（図7・13）．一方，ヒトの気道上

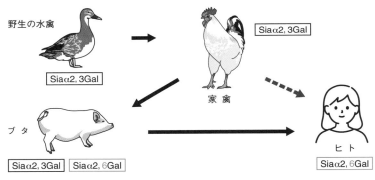

野生の水禽　　Siaα2, 3Gal

Siaα2, 3Gal

家禽

ブタ

Siaα2, 3Gal　Siaα2, 6Gal

ヒト

Siaα2, 6Gal

図 7・13　インフルエンザウイルスの宿主間伝搬とシアル酸を含む糖鎖
（シアロ糖鎖）

皮細胞にはSiaα2,6Gal構造が発現しており，ヒトに感染するウイルスのHAは"α2,6でGalに結合したSia"，すなわちSiaα2,6Galに結合する．宿主特異性を決めるのは糖鎖であり，このため，通常では，トリのウイルスはトリにしか感染せず，ヒトのウイルスはヒトにしか感染しない．

　ブタは気道上皮細胞にSiaα2,3GalとSiaα2,6Galの両方の構造をもち，トリのウイルスもヒトのウイルスも感染可能である．カモなどの水禽を自然宿主とした弱毒性のトリのウイルスが家禽を介してブタに感染し，変異によってヒトの気道上皮への感染性を獲得すると考えられている．このように，トリインフルエンザが直接ヒトに感染する可能性は非常に低い．ただし，ヒトの呼吸器の奥にも少量のSiaα2,3の構造があるので，養鶏場などで濃厚に接触するとトリインフルエンザに感染する危険もある．

　すでに説明したように，NA（ノイラミニダーゼ）は細胞表面の糖鎖をシアル酸の結合で切断する酵素で，この働きによって新たにつくられたウイルス粒子が宿主細胞から遊離される．ここを標的とした抗インフルエンザ薬が，ノイラミニダーゼ阻害剤であるオセルタミビル（商品名タミフル），ザナミビル（商品名リレンザ）である．しかし，最近，耐性ウイルスの出現が問題となってきている．インフルエンザウイルスでは，感染における宿主細胞への吸着と宿主細胞からの放出の場面で，シアル酸をもつ糖鎖が関与する．

7・10　糖鎖から創薬・医療への未来

　上述したように，膜タンパク質や分泌タンパク質の多くが糖鎖修飾を受けており，糖鎖は発生，再生，脳・神経，免疫，感染，遺伝病，がん，生活習慣病など，ほとんどすべての生命科学の分野にかかわっている．正常発生や恒常性維持に関与する糖鎖や糖鎖遺伝子が損なわれると，さまざまな疾病がひき起こされる．先天性糖鎖異常症CDGやリソソーム病（LSD）などは，糖鎖の合成や分解にかかわる酵素などの遺伝子の欠失や変異による遺伝病であり，希少な疾患も多い．糖鎖の解析技術の進歩により，今後，その数は増加すると考えられる．また，これまで原因がわからなかった未診断疾患のなかにも，糖鎖不全によるものが多く見いだされる可能性がある．原因がわかれば，治療法の開発にもつながる．

　細胞表面の糖鎖はがん化などの細胞の状態も反映する．がんにおける糖鎖機能がわかれば，治療法や薬の開発がこれまでと違った観点から可能になる．膵がんや脳腫瘍などの難治性がんの治療法が開発できるかもしれない．さらには，生活習慣病や精神疾患も対象になる．一方，ウイルス，細菌，原虫などの糖鎖を介した感染機構の解明と，それに基づいた創薬やワクチン開発も重要である．さらに，次世代の医療を考えるとき，糖鎖を用いて健康・未病状態・老化を判断できるバイオマーカーの開発も望まれている．

　このように，糖鎖は生命現象のさまざまな局面で重要な役割を果たす．種で保存されているものから，種や個人，組織に多様性を与えるものまで，その機能は実にさまざまである．糖鎖の利用の応用範囲は広く，疾病や健康状態のバイオマーカーから，感染阻害薬，各種疾病の治療薬，再生医療材料など，さまざまな分野に広がっている．ここでは，おもに，医療や健康関係を中心に述べ

たが，最近，植物の糖鎖に関する研究も急速に進歩しており，農学への応用も広がっている.

参考図書など

1) 西原祥子，生化学，**92**(1), 94-106 (2020).   doi: 10.14952/SEIKAGAKU. 2020. 920094

2) 木下貴明，伊藤和義，西原祥子，*Trends in Glycoscience and Glycotechnology*, **30**(174), J77-J82 (2018).   https://www.jstage.jst.go.jp/article/tigg/30/174/30_1816.2J/_pdf

3) 西原祥子，伊藤和義，化学と生物，**55**(11), 750-758 (2017).   https://www.jstage.jst.go.jp/article/kagakutoseibutsu/55/11/55_750/_pdf

4) 西原祥子，*Glycoforum*. **24**(4), A9 (2020).   https://www.glycoforum.gr.jp/article/24A9J.html

5) "おしゃべりな糖（岩波科学ライブラリー 290)"，笠井献一 著，岩波書店，(2019).

6) "糖鎖生物学 ― 生命現象と糖鎖情報"，北島 健ほか 編，名古屋大学出版会 (2020).

8

がんと闘う先進医療

8・1　はじめに

　生命体には，例外なく寿命に限りがある．不老長寿の薬を追い求めた時代も
あったが，そのようなものは存在せず，生命体は限られた寿命を生きるように
プログラムされている．そのため，限られた時間を有効に生かすことが大切で
ある．わが国の死因のトップはがん（悪性新生物，悪性腫瘍）で，1981年に1
位になって以来，一貫して1位を保ち続けている（図8・1）．

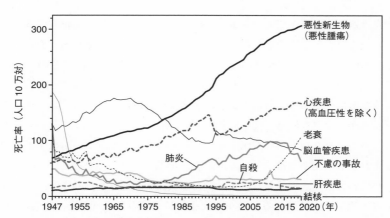

図 8・1　**近年の死因の状況**〔出典: "令和2年（2020）人口動態統計月
報年計（概数）の概況"，主な死因別に見た死亡率（人口10万対）の
年次推移（図6），厚生労働省ホームページ，https://www.mhlw.go.jp/
toukei/saikin/hw/jinkou/geppo/nengai20/dl/gaikyouR2.pdf を改変〕

　ここで，腫瘍に関連する言葉について説明しておこう．体を構成する組織と
して，大雑把に分けて外界と接する組織と内側にある組織がある．それぞれを
上皮，**非上皮**という．たとえば，皮膚や消化管の表面などは上皮，筋肉や骨な

どは非上皮である. そして, 上皮に由来する悪性腫瘍を**癌腫**, 非上皮に由来する悪性腫瘍を**肉腫**とよぶ. これとは別に, 体内を移動しない細胞と移動する細胞の2種類に分類することもある. 前者由来の腫瘍を**固形腫瘍**, 後者由来の腫瘍を**血液系腫瘍**とよぶ. がんとひらがなで書くものは, 癌腫と肉腫を合わせたもの, 固形腫瘍と血液系腫瘍, すべての悪性腫瘍を合わせたもののことである. カタカナで"ガン"とは書かない. "国立がん研究センター"などという名称を見たことがあると思うが, すべての悪性腫瘍を対象としていることを表している. また, 悪性新生物と悪性腫瘍は同じものをさしているが, 悪性新生物は"体内にできた悪性の新しい生物"ではない. "体内にできた悪性の新生した物", すなわち"新しく生まれ出た悪性の物"である. 本章では, われわれがどのようにがんと闘っているか, 実例を示しながら説明する.

8・2　がんの原因と特徴

8・2・1　遺伝子変異

　がんは**遺伝子変異**が原因である. 遺伝子変異とは"遺伝子が正常に機能できない状態をひき起こす変異"のことであり, 大きく分けて2種類がある. 一つはDNA配列そのものが異常になる場合, もう一つはDNA配列そのものには異常が生じないが, DNAや関連するタンパク質に修飾が生じ, 正常に機能できなくなる場合である. 前者を**ジェネティックな異常**(§3・4参照), 後者を**エピジェネティックな異常**(§3・3参照)とよぶ.

　ジェネティックな異常は遺伝子そのものの構造的な異常で, 遺伝子配列の大小さまざまな変化や重複, 欠失, 挿入などが生じ, その結果として, 遺伝子の働きが失われたり, 増強されたり, 新たな機能が発揮されたりする. この変化は1個の遺伝子内に生じるものから染色体レベルのもの(欠失, 重複, 逆位, 転座など)までさまざまである.

　エピジェネティックな異常では, DNAを構成する塩基配列そのものには変化がなく, 特定の塩基が修飾される場合と, DNAを巻き付けているヒストンタンパク質を構成する特定のアミノ酸が修飾される場合があり, その結果, 遺伝子が過剰に働いたり, 正常に働けなくなったりする. DNAを構成する塩基に生じる修飾は, 遺伝子のスイッチを制御する部分(プロモーター領域)で多く見られる**CpG配列**でおもに起こる. CpG配列というのはDNAが5′-C-G-3′(5′-

シトシン-グアニン-3′）と並ぶ配列のことであり，この配列中のシトシンの
5位がメチル化される（図8・2a）．DNAの鎖はデオキシリボースとリン酸が

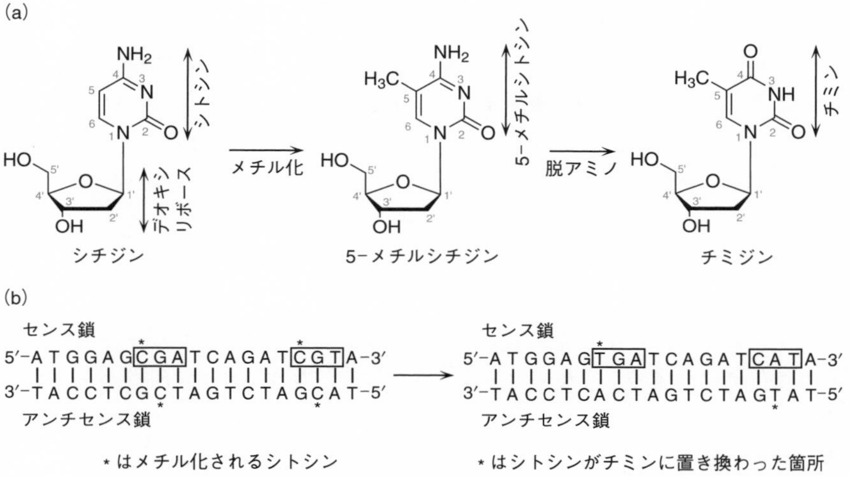

(a)

(b)

```
センス鎖                                  センス鎖
         *            *                          *           *
5′-ATGGAG CGA TCAGAT CGT A-3′    5′-ATGGAG TGA TCAGAT CAT A-3′
   |||||||||||||||||||||||           |||||||||||||||||||||||
3′-TACCTCGCTAGTCTAGCAT-5′          3′-TACCTCACTAGTCTAGTAT-5′
アンチセンス鎖 *                      アンチセンス鎖 *

     * はメチル化されるシトシン            * はシトシンがチミンに置き換わった箇所
```

図 8・2　シトシンのメチル化とチミンへの変異

つながった長鎖が骨格をなす二本鎖で，側鎖の塩基が水素結合で二本鎖をつな
いでいる（図2・4参照）．塩基を構成する元素には通常の番号をつけ，デオキ
シリボースを構成する元素の番号には5′や3′のように ′（prime: プライム）
を付けて区別している．シチジンはデオキシリボースとシトシンが結合したも
の，チミジンはデオキシリボースとチミンが結合したもので，DNA合成が進
むときには，合成途中のDNA鎖の3′末端に，新しく取込まれるリン酸化され
たデオキシリボヌクレオチドのモノマーの5′側がつながるように進む．図8・
2aに示されるように，シチジンが5-メチルシチジンになった後，脱アミノ反
応が生じるとチミジンになるため，CpG配列はCからTへの変異の起点にな
る．これは，DNAのセンス鎖（mRNAと同じ配列の鎖）でもアンチセンス鎖
（mRNAの鋳型鎖）でも同じように生じる．CpG配列がタンパク質コード領域
内にある場合では，たとえば図8・2bに示すようにCGA→TGA（アルギニ
ン→終止コドン）やCGT→CAT（アルギニン→ヒスチジン）などと変化す
ることでタンパク質の機能に大きな変化をきたすために発がんの大きな原因に
なりうる．

　ヒストン修飾は，ヒストンタンパク質の特定の部位のリシン，アルギニン，セリン，トレオニン残基などのアセチル化，脱アセチル，メチル化，リン酸化などの変化により，ヒストンタンパク質がDNAをしっかりと巻付けたり緩めたりして，遺伝子発現を制御する．

　ジェネティック，エピジェネティックな異常に加え，**マイクロRNA（miRNA）**によるタンパク質翻訳の制御も重要である．miRNAは塩基が二十数個の短い一本鎖RNAで，miRNAが標的のメッセンジャーRNA（mRNA）の3′末端側にある非翻訳配列に結合して，mRNAからアミノ酸配列への翻訳を負に制御する．この場合，いくつかのミスマッチを許しながら結合するために，一つのmiRNAが複数のmRNAの働きを制御することになる（翻訳機構については§3・3・2を参照）．

　発がん過程では，がん遺伝子，がん抑制遺伝子とよばれるグループのいくつかの遺伝子に前述のような変化が積み重なり，多段階的に正常組織から前がん病変を経て悪性化する．がん遺伝子は悪玉，がん抑制遺伝子は正義の味方のように思われるかもしれない．しかし，生体は常に細胞が生まれ，死んでいくバランスの上に成立する．がん遺伝子は細胞増殖を正に制御し，がん抑制遺伝子は逆に負に制御するため，もしも，がん遺伝子が正規に働けない場合，組織は萎縮し，その結果，病気につながる．がん抑制遺伝子が過剰に働くと，やはり萎縮につながり，病気につながる．つまり，細胞増殖の正負のバランスがきちんと取れているときに成立する恒常性が重要である．がん遺伝子，がん抑制遺伝子の異常と発がんの関係を図8・3に示した．発がんに関しては，車のアクセルとブレーキで考えるとわかりやすい．いずれにせよ，車が暴走する結果につながることで発がんに向かうと考えればよい．

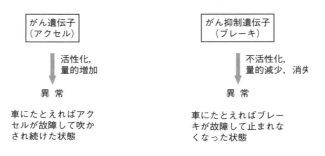

図 8・3　発がんに関与する遺伝子異常

8・2・2 多段階発がん

悪性腫瘍は，ある日突然にできるものとは考えられていない．通常，最初に良性腫瘍として発生し，がん遺伝子やがん抑制遺伝子の異常が積み重なり，多段階的に発がんに至る．これを**多段階発がん**とよぶ．また，遺伝子変異は**外因性**と**内因性**の原因があることが知られている．外因性では，その原因は物理的，化学的，生物学的な要素に分類される．物理的要素は放射線や紫外線など，化学的要素は化学物質が DNA と結合することなどにより DNA の変化を生じさせる変異原性物質＊など，生物学的要素はウイルスや細菌，カビなどの微生物が関わるもので，産生する物質，感染の影響による慢性炎症，ウイルスゲノムの組込みなどを介し，DNA に変化を生じさせるものである．他方，内因性では，細胞分裂に備えるために DNA 複製を行う過程や細胞分裂の際の染色体分配でのエラーなどがおもな原因となる．複製エラーを修復する機構もあるが，ここで働く分子に異常が生じるとエラーが多発するため，遺伝子変異の頻度が上がる（§3・4参照）．大腸における多段階発がん過程の例を図8・4に示した．

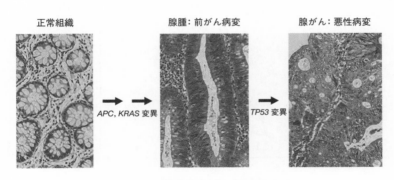

正常組織　　　　　　　腺腫: 前がん病変　　　　　腺がん: 悪性病変

APC, KRAS 変異　　　　　TP53 変異

図 8・4　**多段階発がん過程: 大腸がんの例**

大腸がんのおよそ2/3がこの経路で発がんすると考えられている．*APC*，*TP53* はがん抑制遺伝子，*KRAS* はがん遺伝子である．最初に *APC* の変異が生じて小さな腺腫が形成され，*KRAS* の変異により腺腫はより大きくなり，細胞の分化度も低下する．そして，*TP53* の変異が生じてがんになる．

＊　**変異原性物質**とは，細胞の集団または生物体に突然変異を発生する頻度を増大させる物質をさす．

8・2・3　2人に1人以上は一生の間にがんにかかる

　現在，大雑把に言って2人に1人以上は一生の間に何らかのがんに罹患する時代である．国立がん研究センターが2018年のデータをもとにまとめた結果を表8・1に示す．生涯でがんに罹患する確率は，男性65.0％，女性50.2％である．

表 8・1　**がんの累積罹患リスク**（2018年データに基づく）†

部　位	生涯がん罹患リスク（%）		何人に1人か	
	男性	女性	男性	女性
全がん	65.0 %	50.2 %	2 人	2 人
食　道	2.5 %	0.5 %	41 人	186 人
胃	10.3 %	4.7 %	10 人	21 人
結　腸	6.4 %	5.8 %	16 人	17 人
直　腸	3.7 %	2.2 %	27 人	45 人
大　腸	10.2 %	8.0 %	10 人	13 人
肝　臓	3.2 %	1.5 %	32 人	66 人
胆嚢・胆管	1.5 %	1.3 %	66 人	75 人
膵　臓	2.6 %	2.6 %	39 人	39 人
肺	9.9 %	4.9 %	10 人	20 人
乳房（女性）		10.9 %		9 人
子　宮		3.4 %		30 人
子宮頸部		1.3 %		76 人
子宮体部		2.0 %		50 人
卵　巣		1.6 %		64 人
前立腺	10.8 %		9 人	
甲状腺	0.6 %	1.7 %	178 人	60 人
悪性リンパ腫	2.3 %	2.0 %	43 人	50 人
白血病	1.1 %	0.8 %	95 人	133 人

元データ: 累積罹患リスク（グラフデータベース）
　† 　出典: 国立がん研究センターがん情報サービス"最新がん統計"，
　　（https://ganjoho.jp/reg_stat/statistics/stat/summary.html）

　がんのもつ重要な特徴とは何だろう．正常の細胞は必要に応じて必要なだけ増殖し，組織が目的のサイズになったら増殖が止まる．つまり，恒常性が保たれている．しかし，腫瘍では目的のサイズになっても増殖が止まらない．良性腫瘍では，生まれてくる細胞の数と死んでいく細胞の数のバランスが釣合ったところで腫瘍の増大が止まる．しかし，腫瘍のサイズが1cm以上になると，悪性化している確率が高まっていることがよく知られている．それ以上に増殖するために必要な遺伝子変異の蓄積が生じているからと考えられるからである．細胞が悪性化

するのに必要な遺伝子変異を獲得してしまっていると考えると理解しやすい.

　悪性腫瘍の特徴として，きわめて重要なものがある. それは，もともと腫瘍が発生した臓器（原発臓器）にとどまらずに，別の臓器に広がっていくことである. がん細胞が，直接，隣接する臓器に広がっていく場合を**浸潤**とよび，遠隔臓器に広がっていく場合を**転移**とよぶ. 転移が生じる前提として，血管やリンパ管にがん細胞が浸潤し，血液やリンパの流れに乗って離れた組織に運ばれる場合や，普段から液体が存在する体腔，たとえば腹腔や胸腔に浸潤し，腹水や胸水の中でがん細胞が移動して離れた場所で増殖する場合などがあり，その結果，原発巣から離れた部位に転移巣が形成される. この浸潤能や転移能は悪性腫瘍の重要な特徴で，良性腫瘍ではこのようなことは決して起こらない. つまり，良性腫瘍は理論的には外科的にすべてを切除することが可能である. 良性，悪性の違いを簡単に表8・2にまとめた.

表 8・2　**良性腫瘍と悪性腫瘍のおもな違い**

	良 性	悪 性
分化度	高い	低い
増殖速度	ゆっくり	速い
浸 潤	しない	よくみられる
転 移	しない	よくみられる

8・2・4　散発性腫瘍，遺伝性腫瘍，家族性腫瘍

　がんには遺伝しないものと遺伝するものがある. 前者は散発性腫瘍，後者は遺伝性腫瘍とよばれ，大多数のがんは散発性である. 家族性腫瘍という言葉もあるが，これについては後述する.

　散発性腫瘍は出生時には異常がなかったが，外因性，内因性の遺伝子変異が蓄積して発生するものである. 発症年齢により，どんな臓器にどんながんが発生するかが異なる. たとえば，小児から青年期には骨肉腫や白血病などが多く，年齢が高くなってからは肺がん，胃がん，大腸がんなどが多い. 小児期に発生する場合には，胎生期から小児〜思春期にかけての発育の盛んな時期に遺伝子変異が生じて，腫瘍形成することが考えられる. 遺伝子変異が生じる原因として，胎生期の被曝や，母親が妊娠中に変異原に曝露されるような外因性のこともあるが，内因性，すなわち細胞が増殖する過程での遺伝子の複製エラーなど

が重要になる．結果として，成長の過程で急速に細胞増殖する組織にがんが発生することが多い．他方，加齢とともに変異原に曝露する機会が増えるための発がんでは，外因性による遺伝子変異の蓄積が大きなウェイトを占める．自分ではどうしようもない要素で発がんすることが多いが，食・嗜好習慣が大きく左右することもある．たとえば，喫煙と肺がん，飲酒と食道がんの関係などはよく知られている．職業的な変異原への曝露による発がんもあり，古くはロンドンの煙突掃除夫に多発した陰嚢がん，最近では印刷工場従業員の胆管がんなどが有名である．これらは散発性腫瘍である．

　遺伝性腫瘍は生まれつきの遺伝子変異が原因で発生する．これは親から子へと変異した遺伝子が伝わることが多いが，生殖細胞を形成する際に生じた遺伝子変異が原因となることもある．この場合，その個体から始まる新たな遺伝性腫瘍となる．発症年齢は疾患によりさまざま異なり，乳幼児期から成人後まで多様である．これとは別に，食・嗜好習慣や病原体への感染などに強く影響を受けて家族内でがんが多発する場合もある．しかし，これは生まれつきの遺伝子変異が原因ではないので，"家族性"に発症するが"遺伝性"ではない．そのため，同一家系内で多発する場合で，その原因がわからない場合には，とりあえず**家族性腫瘍**とよぶことになる．責任遺伝子が確定し，親から子へ伝わることが判明すれば遺伝性腫瘍となる．

8・3　がんの診断

　がんの診断法はいろいろあるが，現在使われているものとして，病理診断（細胞や組織構築の変化による診断）や画像診断（放射線や超音波などによる診断）が中心である．がんの原因が遺伝子変異であることを考えると，これからは遺伝子変異を調べて診断する方法（遺伝子診断）が重要になると考えられる．病理診断では，図8・4で示したような組織切片に適切な染色を施し，顕微鏡で見て判断する．ときには，抗体を使って腫瘍マーカー（§7・8参照）などのタンパク質を確認することも行われる．放射線診断には，単純X線撮影や消化管透視，超音波検査（ultrasonography），CT（computed tomography，コンピューター断層撮影），MRI（magnetic resonance imaging，磁気共鳴画像診断）などがある．また，PET（positron emission tomography，ポジトロン断層撮影）とよばれる検査法もある．PETはグルコース類似物質である2-フルオロデオキシグルコー

ス（FDG）のフッ素を放射性の^{18}F に置換した試薬（[^{18}F]FDG，図 8・5）を注射して，1 時間後に撮影する．^{18}F の物理的半減期は 109.77 分であり，放出される陽電子（§1・3・1 参照）が電子と反応して放射される γ 線を検出する．グルコースは細胞にとっての重要な栄養源なので，がん細胞のように増殖が活発な細胞は盛んに取込む．FDG はグルコース類似物質なので，増殖細胞がグルコースと同様に取込んで γ 線を放射するため，そこに腫瘍があることがわかる．

図 8・5 **放射性元素 ^{18}F を含む 2－フルオロ デオキシグルコース（FDG）**

　近年では，遺伝子診断や，がんにより変化した代謝を認識する**メタボローム解析**とよばれる方法も開発されている．メタボローム解析では細胞のみならず，唾液などを用いる方法も開発されてきている．遺伝子診断では，遺伝子をどこから採取するかについても時代とともに変遷がみられる．従来はがん細胞からだったが，20 世紀末からは血液や尿などからの検出も可能になった．また，21 世紀に入り，ヒトゲノム計画とともに DNA 塩基配列決定の技術が飛躍的に進み，**次世代シーケンサー**とよばれる大量の塩基配列を安価に高速に決定できる分析機器が開発され，さらにコンピューター技術の進歩も相まって，遺伝子解析が飛躍的に促進した．そのおかげで，血液中を流れるがん細胞に由来する微量の遺伝子配列を調べることも可能となった．これは**リキッドバイオプシー**（liquid biopsy）とよばれる方法で，非侵襲的に，すなわち手術などをせずに，末梢血や体液中から，がん細胞に由来する遺伝子変異を見つけるもので，科学技術の進歩の賜物である．がん以外でも，たとえば，産婦人科領域で新しい出生前診断として，非侵襲性出生前遺伝学的検査（NIPT: non-invasive prenatal genetic testing）を可能にしている．これは母体血中を流れる胎児由来の遺伝子を次世代シーケンサーで調べ，染色体異常を確率的に判断する方法である．

8・4 がんの薬物療法

　がん治療の中心は手術，放射線療法，化学療法である．近年では免疫応答を応用した方法も発展している．まず初めに**化学療法**を説明する．がん細胞は増

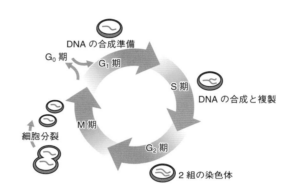

殖が活発なので，その特徴をねらって，20世紀の半ば以降，増殖が激しい細胞を殺す薬が発達した．これは従来型の抗がん剤であり，発がん過程における遺伝子変異を応用できなかった時代に実用化された薬剤である．時代が流れ，遺伝子変異に対応した標的分子を明確にねらった薬物も開発されるようになった．これは**分子標的治療薬**とよばれる．ただし，分子標的治療薬を使えるのは，

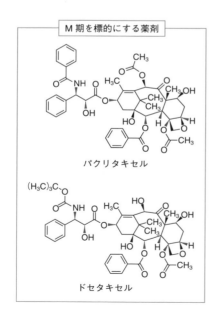

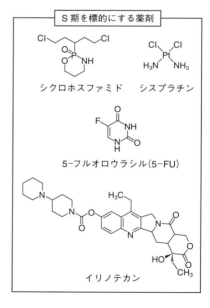

図 8・6　**細胞周期ならびに S 期（右側）および M 期（左側）を標的にする薬剤**

がんの遺伝子変異が明らかになっていて，かつ，それを標的とした薬物がある場合に限られる．このような治療は**オーダーメイド治療**とか**個別化**（personalized）**治療**などとよばれる．他方，明確な標的分子をねらうことができない従来型の治療は**既製服**（one-size-fits-all）**型治療**などとよばれる．

　細胞増殖では，細胞周期（図8・6）を1周すると1個の細胞が2個に増える．その際，遺伝子が2倍に複製され，2個の細胞に分配される．細胞周期では重要な二つのステップがある．DNA複製（synthesis）の行われるS期と，細胞分裂（mitosis）が起こるM期である．この二つの時期は細胞増殖にきわめて重要なので，抗がん剤の標的として適している．がんの原因がよくわからず，単に細胞の増殖が速いことだけがわかっていた時代には，ここをねらって治療するのが精一杯だった．20世紀のうちにさまざまなS期およびM期を標的にした薬剤が開発された．代表的な薬剤を図8・6に示す．S期を標的にする薬剤はDNA合成を阻害し，M期を標的とする薬剤は細胞分裂を阻害する．

　前述のように，これらの薬剤は増殖が活発である性質をねらっているので，増殖が活発な正常細胞にも影響が出る．すなわち**副作用**である．外見からわかりやすい副作用の例としては脱毛があげられる．これは全身にかかわるため，髪の毛のみならず髭や眉毛などにも影響が出る．外見にはわかりにくい重要な副作用としては骨髄の造血細胞の増殖抑制（**骨髄抑制**）があり，易感染性，出血傾向，貧血などの症状につながる．これは化学療法時の最大の障害となる．生殖細胞にも影響が出るため，患者が生殖年齢の場合には注意が必要であり，生殖細胞の凍結保存も行われている．このほか，消化器や末梢神経などにも影響が出やすく，悪心，嘔吐，下痢，便秘，手足のしびれなどがしばしば起こる．影響を受けやすい組織は薬物により異なる．近年ではさまざまな副作用の対策も行われているが，当然ながら限界がある．

　近年の研究の進歩により，発がん過程の分子機構がかなり詳細に判明してきた．スイス実験がん研究所/カリフォルニア大学サンフランシスコ校のハナハン（D. Hanahan）とマサチューセッツ工科大学のワインバーグ（R. A. Weinberg）は2000年に6種の重要な経路を発表し，2011年にさらに4種の経路を追加して，10種の経路として発表した（参考図書1，2）．その経路を模式的に図8・7に示す．現在，各経路に対応する薬剤が開発されつつあるが，これらはがんの発生・進展にかかわる分子の働きを抑制する**分子標的薬**である．分子標的薬の中心は，抗体薬と低分子量阻害薬である．**抗体薬**は標的分子に結合して蓋を

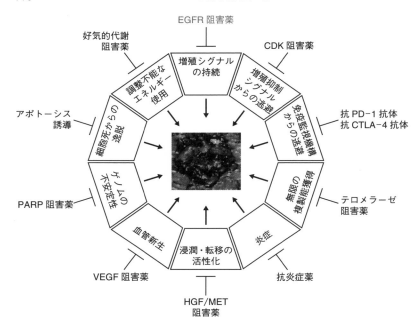

図 8・7　**発がん過程と各過程での分子標的薬**．EGFR: 上皮成長因子受容体，
CDK: サイクリン依存性キナーゼ，HGF: 肝細胞増殖因子，MET: 肝細胞増
殖因子受容体，VEGF: 血管内皮細胞増殖因子，PARP: ポリ（ADP–リボー
ス）ポリメラーゼ〔"The hallmarks of cancer", D. Hanahan, R.A. Weinberg,
Cell, **100**, 57–70（2000）および "Hallmarks of cancer: the next generation",
D. Hanahan, R. A. Weinberg, *Cell*, **144**, 646–674（2011）をもとに改変〕

する形で作用を抑制するもので，通常は注射薬として投与する．他方，**低分子
量阻害薬**の場合，経口投与で消化管から吸収される性質を利用し，内服による
外来治療が可能である．分子標的薬の例として，図 8・7 の上部にある "EGFR
阻害薬" で説明する．2020 年時点での日本人男性のがん死の 1 位は肺がんで
ある．肺がんは病理組織学的に腺がん，扁平上皮がん，大細胞がん，小細胞が
ん，その他などに分類される．日本人の肺がん患者の約半数が腺がんで，腺が
んの患者の約半数は発がん経路で EGFR（epidermal growth factor receptor: 上
皮成長因子受容体）に異常が生じている．この異常のため，EGF（epidermal
growth factor: 上皮成長因子）が少量であっても，その効果を最大限に利用す
ることが可能となり，細胞増殖シグナルが活性化されるようになり，発がんに
至ったと考えられている．

　ゲフィチニブ（gefitinib：商品名はイレッサ，図8・8）はEGFによる細胞増殖シグナルをブロックするために開発された薬剤である．名前の末尾のnibはinhibitorを表し，阻害薬を意味する．そのなかでも末尾がtinibとなる場合

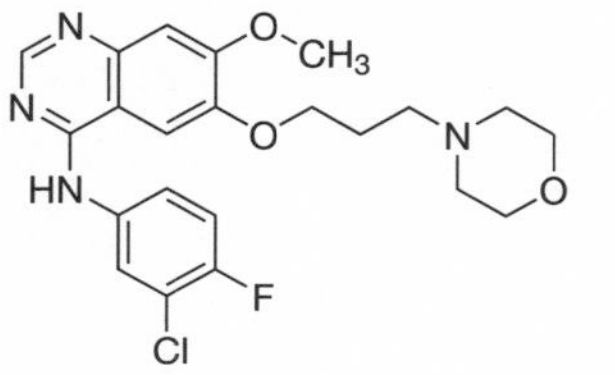

図 8・8　ゲフィチニブ

はtyrosine kinase inhibitorを表し，チロシンキナーゼ（チロシンリン酸化酵素）阻害薬である．がん細胞ではEGFの刺激をEGFRがきわめて効率よく受け止め，それによってEGFRが活性化して細胞増殖が刺激される．このステップには特定のチロシン残基の自己リン酸化が必要で，ゲフィチニブはリン酸基を提供するATPが結合する部位にATPと競合的に結合してEGFRの活性化を阻害し，細胞増殖シグナルをブロックする．つまり，増殖を障害する有効な治療薬となる．図8・9にゲフィチニブの治療効果が著明にみられた例を示す．矢印で示すように腫瘍が著明に縮小しているのが見てとれる．

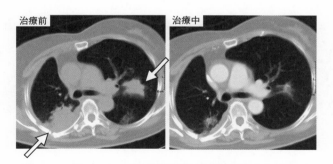

図 8・9　ゲフィチニブの治療効果が著明にみられた例（CT）

　分子標的薬にも副作用がある．薬の添付文書には重大な副作用としていろいろと記載がある．ゲフィチニブでは非常に重要な副作用として間質性肺炎がある．これは，投与症例の5.8％で発生したとのデータがある（アストラゼネカ社：イレッサ錠250プロスペクティブ調査）．この原因はまだ明らかになっていない．きわめて重篤な呼吸器障害を起こし，生命にかかわることもある．が

んの治療は順調だったが副作用のために命を救えなかった，などという残念な結果につなげないために，投与には細心の注意が必要である．

2018年に免疫応答の応用でノーベル生理学・医学賞を受賞した京都大学の本庶 佑と米国のアリソン（J. P. Allison）は，免疫チェックポイント分子であるPD-1（programmed-cell death-1）とCTLA-4（cytotoxic T-lymphocyte associated antigen-4）をそれぞれ発見し，抗体薬を開発した．がん細胞には遺伝子変異があり，通常の細胞と少し違うタンパク質が産生されるため，免疫系のサーベイランスにひっかかる．がん細胞にはPD-1やCTLA-4を介して免疫系から逃れて増殖するしくみができている場合があることがわかり，この免疫チェックポイントを抗体薬で制御すれば，がん治療に有益だと考え，抗PD-1抗体（ニボルマブ，nivolumab），抗CTLA-4抗体（イピリムマブ，ipilimumab）がつくられた（図8・7の右側に示す）．これらは，現在，有効ながん治療薬として応用されている．名前の末尾のmabはmonoclonal antibodyを意味する．

がんの化学療法では"標準治療"とよばれる治療が推奨される．これは，それぞれのがん患者の病期に応じて最も良い成績を上げてきた治療薬による治療であり，非特異的に増殖細胞を障害する薬剤や，分子標的薬をいろいろ組合わせたプロトコールがいろいろ開発されている．そして，現在の医学の進歩に伴い，標準治療も刻々と変化している．現在も図8・7の経路のどこかに対応するさまざまな分子標的治療薬は続々と開発されている．これからも分子標的治療薬は開発，改良が加えられるであろう．これからの若い世代が大いに貢献してくれることを期待する．

8・5 がんにならないために，また，がんになったときに

予防という言葉は三つに分けられる．"一次予防"，"二次予防"，"三次予防"である．一次予防は病気にならないための予防，二次予防は病気の早期発見，早期治療により悪化させないための予防，三次予防はリハビリテーションなどにより社会的不利益にならないための予防である．一番めざしたいのは，病気にならない一次予防である．また，がんの治療成績が伸びた裏には集団検診の普及がある．これは二次予防に対応する．検診年齢にきちんと検診を受けることは，がんの早期発見のためにきわめて大切である．

がんの一次予防に関して，国立がん研究センターなどの研究グループが日本

人を対象とした研究成果をまとめ，禁煙，節酒，食生活，身体活動，適正体重の維持の五つの健康習慣が発がんのリスクを引き下げることを示した（参考図書3参照）．しかし，どんなに注意していても，がんになることは確率的に生じる．表8・1にも示したが，2人に1人以上は一生のどこかで，がんに罹患する．現代人にとって，コントロールできない運命である．がんは，昔は“不治の病”といわれたが，医学の進歩により，現在では多くの場合，十分に闘うことができるようになった．それでも，現在の医学では手の及ばないケースも多い．“患者よ，がんと闘うな”などという人もいるが，闘うべき相手（＝病気）であるかどうかの判断を間違えずに，闘うべき場合には全力で闘うことがきわめて大切である．

8・6 命を大切に

　がんに限らず，ほとんどの病気は早期発見ができれば治癒が望める．“おかしいな”と思ったら，迷わずに適切な医療機関を受診することが大切である．そして，受診のチャンスは巡ってくるものではなく，つくるものである．人生は生まれたときから“死”に向かっての一方通行であり，“その時”がいつ訪れるのかはわからない．“おかしいな”と感じた場合に，現在の医療を信じ，命を大切にする方向での選択，生活の質（QOL: quality of life）との兼ね合いを上手に考えた選択ができるようになることを願う．また，周囲に“おかしいな”と感じている人がいた場合には，ぜひ現在の医療を信じて受診することを勧めてほしい．そして，多くの人たちがQOLの高い時間を過ごせることを願っている．

参考図書など

1）“The hallmarks of cancer”, D. Hanahan, R. A. Weinberg, *Cell*, **100**, 57-70 (2000).
2）“Hallmarks of cancer: the next generation”, D. Hanahan, R. A. Weinberg, *Cell*, **144**, 646-674 (2011).
3）“科学的根拠に基づくがん予防”，国立がん研究センターがん情報サービス（https://ganjoho.jp/public/pre_scr/cause_prevention/evidence_based.html）
4）“ワインバーグ がんの生物学（原書第2版）”，R. A. Weinberg 著，武藤 誠，青木正博 訳，南江堂（2017）．
5）“細胞の分子生物学（第6版）”，B. Alberts ほか著，中村桂子ほか訳，ニュートンプレス（2017）．

9

人類の感染症との闘い

　わが国は，世界に誇る長寿国であり，現代は"超高齢社会"である．"高齢者"は 65 歳以上，75 歳以上は"後期高齢者"と定義され，人口に占める高齢者の割合が 7％以上を"高齢化社会"，14％以上を"高齢社会"，21％以上を"超高齢社会"と定義する．内閣府によると，2021 年のわが国の高齢化率（参考図書1）は 29.1％，厚生労働省の発表では 2020 年の平均寿命は男性で 81.64 年，女性で 87.74 年だった（参考図書2）．WHO の 2020 年発表のデータでも世界のトップである．

　生命体は限られた寿命を生きるようにプログラムされている．このプログラムは遺伝子で制御されていると考えられ，多少の個人差はあるが，同じような速度で成長し，成熟し，老化する．したがって，見た目でおおむねの暦年齢を判断できる．それでは，どのくらいの長さが生存期間としてプログラムされているのだろうか．フランス，日本，英国，米国で 110 歳以上の人たちの追跡調査をもとにした 2016 年の論文では，115 歳くらいと見積もられている（参考図書3）．しかし，多くの人たちは，プログラムされたと考えられる年月を生きることができない．その理由として大きなものは病気，不慮の事故，自殺，戦争などがある．現代のわが国における死因を図 8・1 に示した．がんは最も大きな原因となり，このほかに心疾患，脳血管疾患などが重要である．これに加え，近年，肺炎も増えている．結核は，以前は大きな原因だったが，ツベルクリン反応，BCG 接種，抗菌薬の開発などがあり，成績は格段に向上した．しかし，限界があることも見えている．感染症対策は，これからも人々の生活においてきわめて重要である．

9・2　人類の歴史における感染症

　人類は，有史以来，繰返し感染症と闘ってきた．その代表例として，ペスト
やスペインかぜがある．まず，流行の状況を表す言葉であるアウトブレイク，
エピデミック，パンデミックを簡単に説明する．**アウトブレイク**は限られた範
囲内で急激に感染が広がっている状況，たとえば施設内での急激な流行や限ら
れた地域での流行などの場合を表す．**エピデミック**はもう少し広い領域での流
行，たとえば，ある国の中，あるいはいくつかの国々での流行などの場合であ
る．そして，**パンデミック**は，流行が国境を次々に越え，世界的に拡散してい
く場合である．

　ペストは人類の歴史のなかで何度もパンデミックを繰返し，中世には黒死病
として大きな影を落としてきた．原因がよくわからないまま，どんどん罹患し，
死んでいく人が増えるため，当時の人々の恐怖は想像に難くないが，感染制御
のために患者を隔離する，さらには外国からの船の検疫（40日間）という知
恵もみられた．14世紀のイタリアでのことである．原因がペスト菌という細
菌であることは，1894年に北里柴三郎が，そして5日後にフランスのエルサ
ン（A. Yersin）が突き止めた．原因がわかれば治療法の開発につながる．現在
は治療のための抗菌薬も開発されている．それでもまだ，根絶されたわけでは
ない．根絶が困難な感染症となる理由については後述する（§9・8参照）．

　スペインかぜは，1918年に米カンザス州の陸軍基地で始まったとされてい
る．当時は第一次世界大戦の最中で，アウトブレイクのような情報は軍事機密
であり，他の参戦国でも同様に極秘にされた．しかし，この大戦でスペインは
中立国だったため，軍による情報統制はなく，あたかもスペインから世界に広
がったと思わせるスペインかぜという名前が定着してしまった．スペインかぜ
のパンデミックにより，世界の3割ほどの人たちが感染したと見積もられてい
る．わが国でも人口の約4割が罹患し，1.6％くらいの致死率だったと内務省
から報告されている．原因はインフルエンザウイルスだったが，当時はまだウ
イルスの存在が知られていない．ウイルスは光学顕微鏡では見えないほど小さ
く，細菌を濾過するフィルターを通り抜けてしまう病原体と認識され，濾過性
病原体とよばれていた．スペインかぜのあとも，少し変異したインフルエンザ
ウイルスによる流行が何度も起こり，香港かぜ，ソ連かぜなどという名前でよ
ばれた．しかし，20世紀での最大のインフルエンザによる被害はスペインか

ぜによりもたらされた．2019年12月に中国の武漢から世界中に広がった新型コロナウイルス感染症はスペインかぜから100年が経った時期でのパンデミックであり，マイクロソフト社を創業したビル・ゲイツ（B. Gates）が"1世紀に一度のパンデミック"と書いている（参考図書4）．

9・3　感染症の分類

　感染症の分類として，疾病の原因となる病原体による分類と，社会にどのような影響が及ぶかを考えた分類がある．原因となる病原体として，寄生虫，原虫，真菌，細菌，ウイルスなどがあるが，このうち，ウイルス以外は栄養と環境が整えば，病原体自体のもつ能力で増殖が可能である．しかし，ウイルスは特殊で，ほかの生きた細胞がないと増殖できない．感染した細胞のシステムを利用しなければ増殖できないためである（コラム参照）．また，ウイルスはすべての生物に感染できるわけではない．感染細胞には選択性がある．感染できる相手の生物種を宿主とよぶ．多細胞生物だけでなく，細菌を宿主とするウイルスもあり，ファージとよばれる．そして，宿主がヒトであり，感染すると疾病として症状を現す場合はヒトの病気の原因になる．また，ヒト以外も宿主である場合には人獣共通感染症とよばれる．たとえば，ネズミ，トリ，ブタ，コウモリなどをおもな宿主としていたウイルスが，ヒトに感染できるように変

COLUMN

細胞のシステムを利用するウイルスと
　　　ウイルスが感染した細胞の関係

　ウイルスは自己の遺伝情報とそれを包む殻で構成されるきわめて単純な構造の粒子であり，細胞ではない．自己の遺伝子の複製，その遺伝子を包むタンパク質の合成，遺伝子を殻に入れる工程など，あらゆることを感染した細胞のもつシステムを利用して行う．ウイルスは必要とするが，感染細胞がもっていない酵素をつくらせる遺伝子までもっている．すなわち，究極の"他人の褌で相撲を取る存在"のようにみえる．そして，しばしば疾病をひき起こす原因となる厄介な存在である．他方，ウイルスの存在が進化につながった形跡もある．一概に無用の長物と片付けることができない要素もある．

異したため疾病の原因となることは多い.

　特殊な感染症としてプリオン病もある. これは**プリオン**というタンパク質が原因で発症する重篤な疾患で, 異常なプリオンタンパク質が感染の原因となるが, 詳細はここでは省く.

　社会への影響を考えた分類として, 一類から五類に加え, 新型インフルエンザ等感染症, 指定感染症, 新感染症に分類されている. 厚生労働省の発表資料を表9・1に示した. 2003年に大きな問題となった**SARS**（severe acute respiratory syndrome, 重症急性呼吸器症候群）や2012年に問題になった**MERS**（Middle East respiratory

表 9・1　感染症法の対象となる感染症の分類と考え方

分　類	規定されている感染症	分類の考え方
1類感染症	エボラ出血熱, ペスト, ラッサ熱 等	感染力及び罹患した場合の重篤性からみた危険性が極めて高い感染症
2類感染症	結核, SARS, MERS, 鳥インフルエンザ（H5N1, H7N9）等	感染力及び罹患した場合の重篤性からみた危険性が高い感染症
3類感染症	コレラ, 細菌性赤痢, 腸チフス等	特定の職業への就業によって感染症の集団発生を起こし得る感染症
4類感染症	狂犬病, マラリア, デング熱等	動物, 飲食物等の物件を介してヒトに感染する感染症
5類感染症	インフルエンザ, 性器クラミジア感染症 等	国が感染症発生動向調査を行い, その結果等に基づいて必要な情報を国民一般や医療関係者に提供・公開していくことによって, 発生・まん延を防止すべき感染症
新型インフルエンザ等感染症	新型インフルエンザ, 再興型インフルエンザ	・インフルエンザのうち新たに人から人に伝染する能力を有することとなったもの ・かつて世界的規模で流行したインフルエンザであってその後流行することなく長期間が経過しているもの
指定感染症	政令で新型コロナウイルス感染症を指定	現在感染症法に位置付けられていない感染症について, 1〜3類, 新型インフルエンザ等感染症と同等の危険性があり, 措置を講ずる必要があるもの
新感染症		人から人に伝染する未知の感染症であって, り患した場合の症状が重篤であり, かつ, まん延により国民の生命および健康に重大な影響を与えるおそれがあるもの

出典：“新型コロナウイルス感染症の措置について”, 厚生労働省ホームページ, https://www.mhlw.go.jp/content/10900000/000670474.pdf

syndrome, 中東呼吸器症候群）は二類感染症である．そして，2019年の暮れに始まった新型コロナウイルス感染症は，一類〜三類や新型インフルエンザ等感染症と同等の危険性があるが，どの類に入れるのが適切なのかの情報は十分でないため，暫定的に指定感染症に分類されている．2022年8月時点で"二類相当"の扱いであるが，将来的に適切な類に分類される可能性がある．この新型コロナウイルス感染症は**COVID-19**（coronavirus disease 2019）とよばれ，原因はコロナウイルスの一つで，遺伝情報は一本鎖RNAによって伝えられる．このウイルスは感染力がきわめて強く，さまざまな症状，特に激しい肺炎を起こす．原因ウイルスはSARSの原因ウイルス（SARS-CoV: severe acute respiratory syndrome coronavirus）に似ていたため，**SARS-CoV-2**と名付けられた．このCOVID-19という感染症の重要な特徴として，インフルエンザのように発熱や呼吸器症状などがあるが，これ以外にも消化器や心血管系，凝固系異常など，これまでのインフルエンザにはあまりみられなかった異常をきたしている点が特記される．加えてSARS-CoV-2は遺伝子変異の頻度が著しく高いこともあり，COVID-19は，わずか数カ月で世界中の人々の生活，文化，スポーツなどあらゆる社会活動で深い影響を及ぼし，経済の停滞をひき起こすこととなった．

9・4　感染症の治療

　病原体による疾患に対し，さまざまな治療薬が開発されている．しかしながら，どんな疾患においても，完璧に治療できる薬は存在しない．そのため，感染予防は最も大切である．

　治療薬の例をいくつかあげる．オンコセルカという寄生虫による病気の治療薬として北里大学の大村　智が**イベルメクチン**を開発した．この成果は2015年のノーベル生理学・医学賞の受賞につながった．マラリアは原虫が病原体であるが，キナという植物の樹皮に含まれる**キニーネ**，これをもとに合成した**クロロキン**などは有効な治療薬である．**抗生物質**は細菌感染の治療に広く使われているが，もともとは微生物から得られた物質である．フレミング（A. Fleming）によって青カビから発見された**ペニシリン**（§6・4参照）が最初で，その後，多数の抗生物質が発見された．ペニシリンは細菌の細胞壁合成阻害作用があるため，細菌増殖が抑制される．現在，このほかにも，セファロスポリン系，アミノグリコシド系，テトラサイクリン系，クロラムフェニコール系など，さまざまな抗生物質が臨床的に使用されている．また，微生物から分離さ

れた薬剤だけでなく，化学合成された抗菌作用をもつ薬剤，たとえばマクロライド系，サルファ剤系，ニューキノロン系などの抗菌薬も治療に用いられている．しかし，これらの薬剤は病原体細胞の営みを阻害する薬剤なので，ウイルス感染には効かない．

　一部のウイルス感染に対して有効な**抗ウイルス薬**も開発されている．たとえば，ヘルペスウイルスの治療薬である**アシクロビル**（aciclovir），インフルエンザ治療薬である**オセルタミビル**（oseltamivir），エボラ出血熱治療薬である**レムデシビル**（remdesivir，図9・1）などがある．ウイルス（virus）を標的

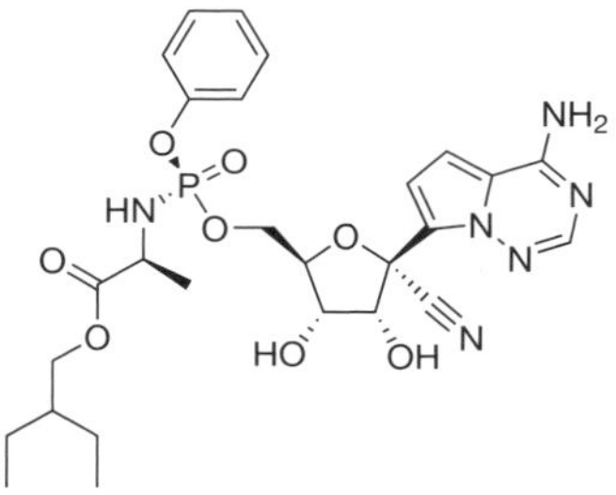

図 9・1　**レムデシビル**

にしているため，最後が -vir という名前になっている．しかしながら，抗ウイルス薬は少なく，ウイルス感染した後に身を守るためには，一般的には人間のもつ抗体産生能力が最も重要である（§9・6参照）．しかし，完璧ではない．繰返すが，感染しないように予防することが最も大切である．

9・5　ウイルス感染のしくみ

　ウイルスは遺伝情報とそれを包む殻からなる簡単な構造をしている．遺伝情報は DNA の場合と RNA の場合がある．ウイルスを電子顕微鏡で見ると，殻の様子がわかる。たとえば COVID-19 をひき起こした新型コロナウイルス（SARS-CoV-2）の表面にはスパイクタンパク質（Sタンパク質）とよばれるたくさんの突起が見え，これが王冠のように見える．一般にコロナウイルスはこのような形態であり，ギリシャ語で王冠をコロナというのでこの名前がついた（図9・2a）．感染様式については後述する．

　病気によって，特定の臓器に症状が現れることはよく知られている．たとえ

ば，インフルエンザでは上気道から肺に炎症をひき起こし，ウイルス性肝炎で
は肝臓に障害をひき起こす．これは，病原体，特にウイルスでは細胞によって
細胞内への侵入や細胞内での増殖のしやすさが違っているためである．細胞内
への侵入については，細胞表面のタンパク質や糖鎖（§7・9でインフルエンザ
を例に解説）などの分子を手がかりとしてウイルスが細胞内に侵入し，感染が
成立するしくみが大きくかかわっている．これは鍵と鍵穴の関係に似ている．
SARS-CoV-2ではウイルスのSタンパク質が鍵の役割，細胞表面の**ACE2**
（angiotensin-converting enzyme 2：アンギオテンシン変換酵素2）が鍵穴の役
割を果たして感染する（図9・2b参照）．そのため，ACE2がよく発現してい
るⅡ型肺胞上皮細胞や腸上皮細胞などによく感染し，呼吸器症状や消化器症状
が強く出てくると考えられる．

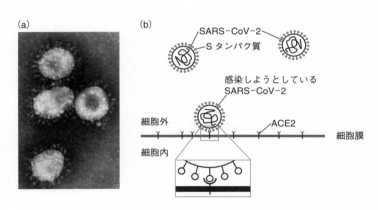

図 9・2　**SARS-CoV-2の電子顕微鏡写真**（a）**とSARS-CoV-2の感
染様式**（b）．〔写真：Centers for Disease Control and Prevention's Public
Health Image Library（PHIL），with identification number #4814〕

　ウイルスは感染すると，感染した細胞のシステムを使い，自分の遺伝情報の
コピーやそれを守る殻をつくり，ウイルス粒子が増殖する．コロナウイルスの
表面は**エンベロープ**とよばれる脂質とタンパク質からなる膜状の構造物であ
る．ここで，脂質が含まれていることは重要である．アルコールは脂質を溶か
すため，アルコール消毒は有益である．他方，食中毒を起こすノロウイルスな
どはエンベロープをもたないため，アルコール消毒はあまり役に立たない．石
けんによる手洗いは，エンベロープの有無にかかわらず有効である．

9・6　自然免疫と獲得免疫

　生体の上皮と接する領域にはさまざまな病原体がおり，攻撃因子と防御因子のバランスがとれて問題が発生しないようになっている．また，ある種の腸内細菌，たとえばビフィズス菌などのように，むしろ役に立っている細菌もある．感染症から体を守るしくみとして，物理的・化学的バリア（上皮，唾液，粘液，涙，胃酸など）は重要だが，このバリアを突破してきた病原体に対しては，白血球が生物学的バリアとして働く．生物学的バリアは生まれつき備わっており，**自然免疫**とよばれる．

　このほかに，未知の新しい外敵に立ち向かう仕組みとして，**獲得免疫**というメカニズムもある（図9・3）．獲得免疫は，**自己**と**非自己**を認識し，体内に入ってきた非自己を排除する仕組みであり，非自己と認識される物質を**抗原**とよぶ．そして，抗原を保持する外敵を**B細胞**と**T細胞**に大別されるリンパ球が攻撃する．最初に非自己であると認識された病原体はマクロファージに代表される食細胞に貪食され，ひき続いて病原体が分解されたあとの成分の一部が**樹状細胞**に取込まれ，細胞表面に提示される．これを**ナイーブT細胞**が認識し，

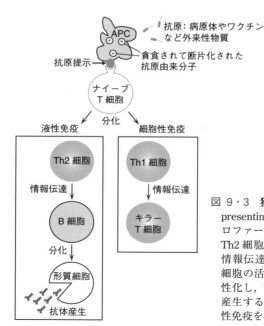

図9・3　**獲得免疫の概要**．APC（antigen presenting cell，抗原提示細胞）：マクロファージ，樹状細胞など．Th1細胞，Th2細胞はヘルパーT細胞とよばれ，情報伝達を行う．Th1細胞はキラーT細胞の活性化を通じて細胞性免疫を活性化し，Th2細胞はB細胞から抗体を産生する形質細胞への分化に働き，液性免疫を活性化する．

ヘルパー**T細胞**となり，うまく外敵に対応する**受容体**を産生するようになる．B細胞とT細胞の双方で受容体遺伝子の組換えがランダムに生じ，うまく外敵に対応する受容体をつくる細胞が選別され，それ以外は消滅する．B細胞でつくる受容体はB細胞が**形質細胞**に分化して，**抗体**の形で分泌される．また，T細胞で外敵と戦うことのできる受容体を産生する細胞も選別され，**キラーT細胞**（細胞障害性T細胞）となる．抗体による免疫は**液性免疫**とよばれ，キラーT細胞などによる免疫を**細胞性免疫**とよぶ．

9・7　ワクチン

前述のように，抗原を認識して抗体が産生される．ここで，抗原になるのは外来性の分子であり，タンパク質が中心となるが，タンパク質に限らない．たとえば核酸も脂質も抗原となりえて，それを認識する抗体が産生されうる．

ここで，ワクチンについて簡単に説明しよう（表9・2）．歴史的には，英国

表 9・2　種々のワクチン

ワクチンの種類	抗原と導入方法	病原体の具体例	
生ワクチン	弱毒化した病原体を体内に入れる	結核菌，麻疹，風疹，水痘，ムンプス，ロタウイルスなど	感染に最も近い状況のため免疫がつきやすいが，感染する可能性を否定できない
不活化ワクチン	不活化した病原体を体内に入れる	パピローマ，インフルエンザ，肺炎球菌，ジフテリア，ポリオなど	複数回の接種が必要
トキソイドワクチン	病原体の毒素を体内に入れる	破傷風	複数回の接種が必要
組換えタンパク質ワクチン	病原体成分の一部を体内に入れる	B型肝炎，SARS-CoV-2など	複数回の接種が必要
ウイルスベクターワクチン	病原体成分の一部の遺伝情報をウイルスベクターで体内に入れ，細胞内で作製	SARS-CoV-2	複数回の接種が必要
DNAワクチン	病原体成分の一部の遺伝情報をDNAで体内に入れ，細胞内で作製	SARS-CoV-2	複数回の接種が必要
mRNAワクチン	病原体成分の一部の遺伝情報をmRNAで体内に入れ，細胞内で作製	SARS-CoV-2	複数回の接種が必要

のジェンナー（E. Jenner）の 1796 年の試みが最初で，天然痘に対する免疫を
つけるため，牛痘の膿を接種したことが始まりである．年月を重ね，ワクチン
は進歩し，**生ワクチン**（病原体を弱毒化して接種），**不活化ワクチン**（病原体
の感染力を失わせて接種），**トキソイド**（病原体がつくる毒素の毒性を失わせ
て接種），**組換えタンパク質**や**ペプチド**（病原体成分の一部に対応するタンパ
ク質やペプチドを接種），**糖タンパク質複合体**（病原体表面の多糖類とタンパ
ク質を複合体にしたもの）などが広く使われるようになった．このうち，生ワ
クチンの場合は弱いながらも感染が成立しているため，抗体産生に加えキラー
T 細胞の活性化，すなわち細胞性免疫も強力に誘導され，免疫誘導効果がより
強くひき起こされる．また，がん特異的に高発現するタンパク質に対し，その
一部をペプチド合成し，それを標的に免疫系を賦活する**ペプチドワクチン**は，

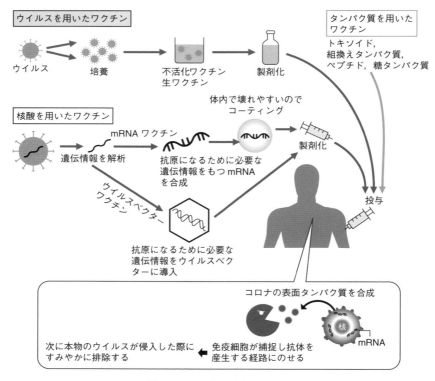

図 9・4　いろいろなワクチン

研究段階ではあるが，がんの治療に使われ始めている．

　近年では，体内に遺伝子を導入し，抗原を産生するようなしくみにして，抗体産生につなげる技術も開発されてきた．遺伝子を運ぶために使うものを**ベクター**とよぶが，細胞に感染はできても増殖はできないように細工したアデノウイルス*をベクターにするもの，そして，今回の COVID-19 では，mRNA（§3・3・2参照）を脂質で保護した形のワクチンが世界で初めて開発された．これらは，遺伝子が導入された細胞で抗原を産生し，それに対する抗体をつくり出そうという戦略である（図9・4）．なお，アデノウイルスをベクターとした場合，ウイルスに対する抗体も別個に産生されるはずであり，再度のワクチン接種の際には誘導されたアデノウイルスへの抗体によってウイルスベクターが排除される可能性も大いに考えられる．つまり，時間をおいて何回も接種するケースでは不向きである可能性がある．

　2020年に開発された mRNA ワクチンは，これまでに行われたことがない方法で作製された．mRNA の不安定性やタンパク質合成の効率が悪いことなどが，これまで行われてこられなかった重要な理由だった．しかし，科学技術の進歩により，異物である核酸を免疫系から上手にすり抜けるための工夫，ならびに，通常の核内で行われる mRNA 合成の**プロセシング**（§3・3・2参照）を補う工夫が可能になった．免疫系からすり抜けるために，修飾した核酸を使った（参考図書5〜7）．また，プロセシングを補う工夫として，5′キャップ構造（図3・3参照）の類似構造をつくり出す技術の開発も有用だった（参考図書8，9）．

　通常，mRNA はきわめて壊れやすいため，脂質で保護した微粒子にして用いる．ヒトの細胞膜は脂質二重層（§2・2コラム参照）であるため，脂質とmRNA の複合体になっている mRNA ワクチンを筋肉注射すれば，おもに筋肉細胞に一定の割合で取込まれる．そして，細胞のシステムを使って mRNA 情報に対応する S タンパク質が合成される．このタンパク質は本来ヒトがもつものではないので，それを攻撃する抗体が前述のように B 細胞を軸として産生される．これが mRNA ワクチンによる抗体産生機序である．そして，有効性が90〜95％と報告されるワクチンの製造につながった．なお，抗体は B 細胞で産生されるため，病気治療などで B 細胞が少ない場合は十分な抗体が産

　＊　アデノウイルスは，エンベロープをもたない直径約 100 nm の粒子の二本鎖直鎖状 DNA ウイルスである．感染性胃腸炎やかぜ症候群を起こす主要病原性ウイルスの一つである．

生されないことになる．これについてのガイドラインは MSKCC（Memorial Sloan Kettering Cancer Center, メモリアル・スローンケタリングがんセンター）から 2021 年 3 月に公表されており，B 細胞の数が末梢血中に 50/μL 以上必要，また一般のがん治療で骨髄抑制が強い場合は，末梢血リンパ球数が 1000/μL 以上必要とされている（参考図書 10）．

ウイルスが増殖する際，遺伝子の突然変異が起こる．特に RNA ウイルスでは変異が起こりやすいことも知られている．コロナウイルスは一本鎖 RNA ウイルスであるため，よりいっそう変異が起こりやすい．ウイルスにとって生存に都合の良い変異が生じた場合，そのウイルスが集団の中で多数派として蔓延することになる．しかし，核酸を利用したワクチンであれば，変異したウイルスを抗原として認識するように mRNA の配列を変えることにより，比較的短時間で対応が可能であろう．mRNA ワクチンはウイルス変異への対応の面でも有益であると考えられる．

ここまで，mRNA ワクチンの良い面を中心に説明したが，mRNA ワクチンそのものはきわめて歴史が浅い．現時点ではアレルギーなどが副反応として注目されているが，長期的な視野でどのような副反応が起こるか未知数である．また，アレルギー反応で重要なのは，ワクチン作製に使われる脂質に対するものである．脂質として PEG（polyethylene glycol, ポリエチレングリコール）が用いられているが，PEG に対する強いアレルギー反応を起こした人に対し，次回以降の mRNA ワクチンを接種することができない．

なお，ワクチン接種は感染症対策にきわめて有益であり，ワクチンが定期接種されているのは次のとおりである（参考図書 11）：季節性インフルエンザ，ジフテリア，破傷風，百日せき，水痘，ロタウイルス，結核（BCG），日本脳炎，Hib（ヘモフィルス・インフルエンザ菌 b 型，*Haemophilus influenzae* type b）感染症，麻しん，肺炎球菌感染症（高齢者），肺炎球菌感染症（小児），ヒトパピローマウイルス（HPV）感染症，ポリオ（急性灰白髄炎），風しん，B 型肝炎．

9・8 感染症から身を守るために

ワクチンで疾患を撲滅できるとしたら，宿主が限られている必要がある．これまでにワクチンで撲滅できたのは天然痘だけであり，これは宿主がヒトに限られたためである．1980 年に WHO は天然痘の根絶を宣言した．しかしなが

ら，ヒト以外に宿主がいるのであれば，その生物種をコントロールできない限り，ウイルスはわれわれの手の届かないところでいつまでも生き残る．人獣共通感染症の場合，ヒト以外の宿主までウイルスを駆除することは不可能であるため，この先も人類の脅威になるであろう．

　ワクチンを過信してはいけない．原理的にはワクチンは感染から身を守ってくれるものではない．抗体産生に代表される感染に対する免疫を誘導するものであり，有効なのは感染した後，体内にウイルスが存在する状態になった後である．つまり，ワクチンにより誘導された免疫は“感染”を予防するものではなく，感染した後の“発症”や“重症化”に対して役に立つものである．また，免疫系は完璧ではないため，ウイルス量が多ければ病気に負けてしまう．そのため，最も大切なのは感染しないように注意することである．つまり，ワクチンはきわめて有効な手段ではあるが，必ずしも完璧にウイルス感染を押さえ込むことができないこともわかっており，接種しても全員が期待された応答を示すわけではない．これは，どんなワクチンにもいえることである．必ず non responder とか low responder とよばれる人たちがいる．

　おもな感染形態として“接触感染”，“飛沫感染”，“空気感染”があるが，病原体により伝播する主要ルートは異なる．そして，SARS-CoV-2 では，このすべてのルートでの感染が生じている．空気感染から身を守るうえで重要な情報として，エアロゾルの状態で数時間活性があることも判明している（参考図書 12）．そのため，密閉，密集，密接といった**三つの密**を回避することは大切で，換気の重要性，マスク，手洗いの重要性は，自分を守り他人を守る観点からきわめて重要である．なお，三つの密を避けることの重要性は世界的にも認識され，2020 年 7 月 18 日の WHO の Facebook で“three Cs”と英訳されて共有された（参考図書 13）．これは“Crowded places, Close-contact settings, Confined and enclosed spaces”である．接触感染に関しては，ステンレスやプラスチック表面上では紙よりも長い時間感染性が残り，銅の表面上では比較的速やかに不活性化されるとのデータも出ている（参考図書 12）．ただし，ウイルスの場合，宿主の細胞がなければ生存できないため，他の病原体と異なり自己増殖することはない．また，前述のようにこのウイルスは脂質のエンベロープをもつため，アルコール消毒は有効である．

　いくら細心の注意を払っていても，感染してしまうことはあるだろう．そのため，ワクチン開発とは別に治療薬の開発が必須である．近年の科学や技術の

進歩により治療薬の開発も急加速しており，抗体薬や抗ウイルス薬が次々と開発されている．近い将来，インフルエンザやヘルペスの治療薬のようなきわめて有効な内服薬でウイルスを制御できるときが来ることが期待される．そのころ，新しい生活様式（new normal）とよばれる社会はどうなっているだろうか．

　COVID-19 の対策を難しくしている重要な要因として，未発症感染者や無症候性感染者から多数の人たちが感染すると考えられることがある．SARS や MERS では，感染者は重篤な症状に見舞われるため，誰がウイルスに感染したのかがわかりやすく，対策もとりやすかった．しかし，COVID-19 ではこれらとは対照的で，自分が感染したことに全く気づかない人たちが多数の人たちに感染させてしまう．したがって三密の回避，換気，マスク，手洗い，消毒などは重要である．これは，症状のあるなしに関係ない．そのため，すべての人がウイルス感染している可能性があると考えたうえでの対応が必要である．また，このウイルスに感染した人が急激に悪化する場合があることや，後遺症なども重要な問題になっている．後遺症として，胸痛，動悸，呼吸苦などの循環器，呼吸器の症状，遷延する（長引く）全身倦怠感や抑うつ，味覚・嗅覚異常，脱毛などの遷延が見られている．少なからぬ人たちが，感染から回復した後も，感染しているときの症状が遷延するため，Long COVID とよばれている．後遺症は年齢や重症化の有無にかかわらず発生している．いつの日か，Long COVID に対しても治療法が開発されるかもしれないが，今できる最善は感染しないことである．

　前述したように，人類の歴史において感染症との闘いは重要だった．薬物やワクチンなどの開発もあるが，世界中の誰もが感染したことのない新しい病原体であれば，スペインかぜや今回の COVID-19 のように，あっという間にパンデミックになる．これからも，人類と病原体との闘いはある日突然発生するであろう．しかも，病原体が 1 種類とは限らない．しかし，人類の叡智は一歩ずつでも感染症との闘いに用いる武器を開発してきた．多くの人たちが，感染症や免疫について正しい知識をもち，科学的に考えられるようになることは，人々の健康のためにはとても大切である．その一助とするべく，感染症，免疫，COVID-19 に関する参考図書も記載した（参考図書 14〜21）．一人の人間のできることは小さいかもしれないが，小さな積み重ねが全体として大きな力になる．これからの若い人たちに期待しつつ，この章を終えることとする．

参考図書など

1) 総務省報道資料"統計からみた我が国の高齢者―"敬老の日"にちなんで―（統計トピックス No.129)"，総務省ホームページ（https://www.stat.go.jp/data/topics/pdf/topics129.pdf)

2) "令和2年簡易生命表の概況 1. 主な年齢の平均余命"，厚生労働省ホームページ（https://www.mhlw.go.jp/toukei/saikin/hw/life/life20/dl/life18-02.pdf)

3) "Evidence for a limit to human lifespan", X. Dong, B. Milholland and J. Vijg, *Nature*, **538**, 257-259 (2016).

4) Responding to Covid-19 ― A once-in-a-century pandemic?", B. Gates, *N. Engl. J. Med.*, **382**, 1677-1679 (2020).

5) "Suppression of RNA recognition by Toll-like receptors: The impact of nucleoside modification and the evolutionary origin of RNA", K. Karikó, M. Buckstein, H. Ni, D. Weissman, *Immunity*, **23**, 165-175 (2005).

6) "Incorporation of pseudouridine into mRNA yields superior nonimmunogenic vector with increased translational capacity and biological stability", K. Karikó, H. Muramatsu, F. A. Welsh, J. Ludwig, H. Kato, S. Akira, D. Weissman, *Mol. Ther.*, **16**, 1833-1840 (2008).

7) "N(1)-methylpseudouridine-incorporated mRNA outperforms pseudouridine -incorporated mRNA by providing enhanced protein expression and reduced immunogenicity in mammalian cell lines and mice", O. Andries, S. Mc Cafferty, S. C. De Smedt, R. Weiss, N. N. Sanders, T. Kitada, *J. Control Release.*, **217**, 337-344 (2015).

8) "Reverse 5′ caps in RNAs made in vitro by phage RNA polymerases", A. E. Pasquinelli, J. E. Dahlberg, E. Lund, *RNA*, **1**, 957-967 (1995).

9) "Synthesis and properties of mRNAs containing the novel "anti-reverse" cap analogs 7-methyl(3′-O-methyl)GpppG and 7-methyl(3′-deoxy)GpppG", J. Stepinski, C. Waddell, R. Stolarski, E. Darzynkiewicz, R. E. Rhoads, *RNA*, **7**, 1486-1495 (2001).

10) "MSK COVID-19 VACCINE INTERIM GUIDELINES FOR CANCER PATIENTS", Memorial Sloan Kettering Cancer Center, https://www.asco.org/sites/new-www.asco.org/files/content-files/covid-19/2021-MSK/COVID19/VACCINE/GUIDELINES.pdf

11) "予防接種情報"，厚生労働省ホームページ（https://www.mhlw.go.jp/stf/seisaku-nitsuite/bunya/kenkou_iryou/kenkou/kekkaku-kansenshou/yobou-sesshu/index.html)

12) "Aerosol and surface stability of SARS-CoV-2 as compared with SARS-CoV-1", N. van Doremalen, T. Bushmaker, D. H. Morris, M. G. Holbrook, A. Gamble, B. N. Williamson, A. Tamin, J. L. Harcourt, N. J. Thornburg, S. I. Gerber, J. O. Lloyd-Smith, E. de Wit, V. J. Munster, *N. Engl. J. Med.*, **382**, 1564-1567 (2020).

13) "Avoid the Three Cs" WHO Facebook より　https://www.facebook.com/WHO/photos/a.750907108288008/3339935806051779/?type=3&theater

感染症について：

14) "人類と感染症の歴史―未知なる恐怖を超えて"，加藤茂孝 著，丸善出版 (2013).

15) "続・人類と感染症の歴史―新たな恐怖に備える"，加藤茂孝 著，丸善出版 (2018).

免疫について：

16) "新しい免疫入門—自然免疫から自然炎症まで", 審良静男, 黒崎知博 著, 講談社 (2014).

17) "免疫力を強くする—最新科学が語るワクチンと免疫のしくみ", 宮坂昌之 著, 講談社 (2019).

新型コロナウイルスについて：

18) "新型コロナの科学—パンデミック, そして共生の未来へ", 黒木登志夫 著, 中央公論新社 (2020).

19) "専門医が教える新型コロナ・感染症の本当の話", 忽那賢志 著, 幻冬舎 (2021).

20) "新型コロナウイルス—脅威を制する正しい知識", 水谷哲也 著, 東京化学同人 (2020).

21) "新型コロナ超入門—次波を乗り切る正しい知識", 水谷哲也 著, 東京化学同人 (2020).

第 **III** 部

環境・エネルギーと未来

10

持続可能な環境をめざす
化学と技術

10・1　はじめに

　最近，さまざまな場面で**SDGs**という言葉に出会う．SDGsとは**持続可能な開発目標**（Sustainable Development Goals）であり，2015年9月の国連サミットで採択された"持続可能な開発のための2030アジェンダ"に記載されている"2030年までに持続可能でよりよい世界をめざす国際目標"のことである．17の目標（図10・1）と169のターゲットから構成され，地球上の"誰一人取り残

---

1. 貧困をなくそう
2. 飢餓をゼロに
3. すべての人に健康と福祉を
4. 質の高い教育をみんなに
5. ジェンダー平等を実現しよう
6. 安全な水とトイレを世界中に
7. エネルギーをみんなに
　 そしてクリーンに
8. 働きがいも経済成長も
9. <u>産業と技術革新の基盤をつくろう</u>
10. 人や国の不平等をなくそう
11. 住み続けられるまちづくりを
12. <u>つくる責任つかう責任</u>
13. 気候変動に具体的な対策を
14. 海の豊かさを守ろう
15. 陸の豊かさも守ろう
16. 平和と公正をすべての人に
17. パートナーシップで目標を
　 達成しよう

図 10・1　**SDGs の 17 の目標**

さない"ことをめざしている．SDGsは発展途上国のみならず，先進国自身が取組む普遍的なものであり，わが国も積極的に取組んでいる．この章ではこれからの基礎研究と技術開発が常に意識する必要のある，特にSDGsの目標9の技術革新および目標12の生産（つくる）と消費（使う）に関連した**持続可能性**

という視点を化学の立場で考える．まずは歴史的背景からみていこう．

10・2　有限の地球 —— 持続可能性の問題

10・2・1　日本の背景

　1945 年，第二次世界大戦に敗れた日本は，戦後の荒廃からの復興と高度成長を経て，技術大国へと成長してきた．1970 年代初めには，製錬・製紙・石油・化学などの製造業の成長の陰で深刻化していた公害問題への対応も，技術的なめどが立った．同じ頃，一つの国際的な団体が公表したレポートが世界に向けて警鐘を鳴らした．"成長の限界"と題されたローマ・クラブによるこのレポートは，"地球が無限であることを前提としたような経済と人口の成長のやり方を改めないとどうなるか"（監訳者のはしがき）という未来予測のシナリオである．その前から"石油はあと数十年でなくなる"などと，断片的な情報は伝えられていたが，石油に限らず"地球上の資源は有限である"という事実が広く認識され始めた．地球を，限られた資源しかもたない閉鎖系である宇宙船にたとえた"宇宙船地球号"という言葉が広く使われ始めたのはこの頃だった．

　これにひき続いて，第一次および第二次石油危機（1973 年，1979 年）が起こり，原油価格が大幅に上昇した．その影響を受け，資源とエネルギーの節約の重要性が国内で喧伝（けんでん）されるようになり，国をあげて省資源・省エネルギー技術の開発と実用化に取組み始めた．これは石油などの資源が乏しい日本にとって，必要に迫られた生き残り戦略だった．振り返ってみれば，日本の"持続可能性"への取組みは，この時期に始まったといえる．

　ほぼ時期を同じくして，新たな課題として"環境問題"が出現した．大気中に放出された窒素酸化物（NO_x），硫黄酸化物（SO_x）などの汚染物質がひき起こす**光化学スモッグ**のように，以前はおおむね工場地帯の近傍に限られていた**公害**問題が，発生源も被害も広範囲な地域にわたる**環境問題***へ拡大した．そして，この問題を解決する技術開発が進んだ．たとえば，火力発電所などからの排煙の脱硫・脱硝技術が実用化された．さらに，石油精製段階での脱硫技術の確立という難題を国家プロジェクトで克服し，ガソリンなどの燃料から硫黄

---

　*　グローバルな地球環境問題に対して"地域"環境問題ともよばれる．

分を除去できるようになった．これによって，ガソリンエンジンからの排気を無害化するために開発された**三元触媒**[*1] の"硫黄分に弱い"という重大な欠点が回避できるようになり，自動車などの排ガス問題が解決された．

10・2・2　米国での動き

　米国では日本と全く事情が異なった．1962 年にカーソン（R. Carson）が"沈黙の春"で鳴らした警鐘が，当初は冷ややかに受け止められた．1960 年代から各種の環境問題が顕在化し，大都市のスモッグに象徴される大気汚染，化学工場などの廃棄物による土壌や水質の汚染が，あたかも国の大きさに比例するかのように大規模な形で明らかになった．当時から法的規制はあるものの十分ではなく，問題が起こるたびに対策のための法律を制定したが，後手後手に回ってしまった．たとえば，1980 年には，国家予算で汚染された土地などを特定し，浄化するための法律[*2] が制定された．40 年近くを経て，同法の対象に指定された汚染箇所は 1300 を超え，なお年々増加している．限られた予算のなかで，これまでに浄化されたのは 400 箇所ほどに過ぎず，対策は遅々として進んでいない[*3]．

　この例からわかるように，いったん環境汚染が起こると，完全に浄化することはきわめて難しい．したがって汚染物質を出さないように努力する必要があり，多大な経費がかかる．それでも事故などで誤って汚染物質が放出される可能性をゼロにはできず，さらに大きな経費が追加される場合がある．まずは，化学工場などで発生する汚染物質の排出を防ぎ，あるいは，汚染物質を無害化する対策を講じ続けなければならないが，それでも汚染の根絶は困難だろう．そこで，さらに一歩進んだ取組みとして，新しい考え方が生まれた．汚染物質がなるべく発生しないような，新しい化学合成反応を探究する基礎研究や技術開発に注力するほうが，最終的には環境汚染をより効果的に防げるのではないか．この考え方に基づいて化学の基礎研究と技術開発に取組む新しい分野を，米国環境保護庁（EPA）の科学アドバイザーだったアナスタス（P. T. Anastas）らは 1995 年に**グリーンケミストリー**（Green Chemistry）と名付けた．

---

*1　Pt, Pd, Rh の三つの元素を含み，炭化水素，一酸化炭素（CO），窒素酸化物（NO_x）を同時に浄化する．
*2　いわゆる"スーパーファンド（Superfund）法"．
*3　J. Morrison, "United States of Superfund", *C & E News*, **2017**, April 3, pp.30–31 参照．

10・3　持続可能化学

10・3・1　持続可能化学の流れ

　海外の持続可能化学には，現在，二つの流れがある．一つは上述したグリーンケミストリーで，米英で主唱されており，環境負荷の低減に重点をおく．もう一つは**サステイナブルケミストリー**（Sustainable Chemistry）で，おもにEU圏で主唱されていて，持続可能性に重きをおく．日本は，両者を組合わせた**持続可能化学**（Green Sustainable Chemistry, GSC）を主唱している＊．基礎研究や技術開発の計画段階から環境負荷の低減をはかり，持続可能性をめざしている点では，これらの流れに大きな違いはない．

10・3・2　従来の合成化学の基礎研究

　持続可能化学より前の基礎化学研究はどのようだったか．たとえば，合成化学の基礎研究では，物質をより効率よく合成できる反応の発見や改良をめざしてきた．その成果は製造経費の低減に直接つながり，既存の製品の低廉化や新製品の市場化に至る場合があった．

　反応の効率は**収率**に基づいて評価されてきた．簡単な例を以下に示す．

　エタノールと酢酸から酢酸エチルを得るよく知られた反応がある．

$$CH_3CH_2OH + CH_3COOH \overset{触媒}{\rightleftharpoons} CH_3COOCH_2CH_3 + H_2O \qquad (10・1)$$
　　　　　エタノール　　　　酢酸　　　　　　　　酢酸エチル　　　　　水

反応物（原料，出発物質ともいう）のエタノールと酢酸を 1.0 mol ずつ用い，**触媒**として濃硫酸を加えて反応させると，目的の生成物である酢酸エチルが約 0.65 mol 生じて平衡に達する．生じた酢酸エチルをすべて分離できたとすると，酢酸エチルの収率は 65 %〔＝（0.65 mol/1.0 mol）×100〕になる．

　酢酸の代わりに塩化アセチルを用いると，反応は一方的に右方向に進む．

$$CH_3CH_2OH + CH_3COCl \longrightarrow CH_3COOCH_2CH_3 + HCl \qquad (10・2)$$
　　　　　エタノール　　　塩化アセチル　　　　酢酸エチル　　　　塩化水素

反応物を 1.0 mol ずつ用いて，酢酸エチルが 0.90 mol 得られたとすると，酢酸エチルの収率は 90 %〔＝（0.90 mol/1.0 mol）×100〕になる．（10・2）式の反応

＊　新化学技術推進協会（JACI）が主導するグリーン・サステイナブルケミストリーネットワーク（GSCN）が持続可能化学の発展と普及に努めている（http://www.jaci.or.jp/gscn/）．

のほうが収率は高い．また，(10・1)式の反応で濃硫酸の代わりに補助物質の
N,N′-ジシクロヘキシルカルボジイミド（DCC）を加えると，(10・1)式で生成
する水が消費されてジシクロヘキシル尿素（DCU）ができる (10・3) 式の反
応が同時に起こり，(10・1)式の反応は右向きに進む．

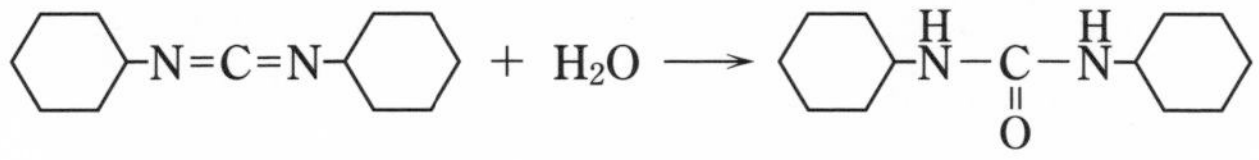

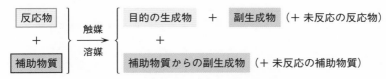

$$\langle\rangle\text{—N=C=N—}\langle\rangle + H_2O \longrightarrow \langle\rangle\text{—N—C—N—}\langle\rangle \qquad (10\cdot3)$$

DCC　　　　　　　水　　　　　　　　DCU

ここで酢酸エチルが 0.90 mol 得られたとすると収率は 90％になる．(10・2)式
の反応と，(10・1)式 +(10・3)式 の反応は同じ収率である．

　しかし，図 10・2 に示したように，実際に合成反応にかかわっている物質
は反応物だけではない．(10・1) 式の濃硫酸のような触媒や，(10・3) 式の
DCC のような補助物質が用いられる場合がある．溶媒が必要な合成反応も多
い．環境負荷や持続可能性の視点から合成反応を考える際には，反応物と生成
物だけではなく，触媒，補助物質，溶媒，副生成物など，図 10・2 に現れるす
べての物質を考慮する必要がある．

反応物 ＋ 補助物質 〉触媒 溶媒 ⎰ 目的の生成物 ＋ 副生成物 （＋ 未反応の反応物）
＋
補助物質からの副生成物 （＋ 未反応の補助物質）

図 10・2　合成反応にかかわる可能性のある物質

10・3・3　持続可能化学 ── 基礎研究での新しい視点

　持続可能化学では，用いる物質をどのような視点から評価するのだろうか．
1995 年に，アナスタスは注目すべき視点を下記のような**グリーンケミストリー
の 12 原則**として提案した．

1. 廃棄物は"出してから処理ではなく"，出さない
2. 原料をなるべく無駄にしない形の合成をする
3. 人体と環境に害の少ない反応物，生成物にする
4. 機能が同じなら，毒性のなるべく小さい物質をつくる
5. 補助物質はなるべく減らし，使うにしても無害なものを
6. 環境と経費への負担を考え，省エネルギーを心がける
7. 原料は枯渇性資源ではなく再生可能な資源から得る

　8.　途中の修飾反応はできるだけ避ける

　9.　できるかぎり触媒反応をめざす

10.　使用後に環境中で分解するような製品をめざす

11.　汚染防止のためのプロセス計測を導入する

12.　化学事故につながりにくい物質を使う

この 12 原則は次の三つの視点にまとめられる.

　a.　再生可能資源を用いる　　再生可能資源とは, 自然の営みによって現実的な年数 (数年〜100 年) 内につくられる資源である. 光合成植物によって二酸化炭素などから再生される**バイオマス**がその典型である (11 章参照). 培養可能な微生物によってつくられる物質も含まれる. 生態系のバランスに注意を払う必要があるが, 魚類などの動物も利用可能な場合がある. これらのバイオマスを原料として合成できる物質を巧みに用いれば, 枯渇の心配がないので, 持続可能化学にとっては理想的である.

　b.　物質の利用効率を上げる　　地球上の資源に限りがある以上, 同じ量の生成物を得るために投入する物質は少ないほうが, 持続可能性への影響は小さい. たとえば, (10・3) 式の DCC のような補助物質を用いると, 副生成物が増える. これをどう扱うかを考える必要がある. 他の製品を合成するための原料として活用できれば, それに越したことはない. もとの補助物質へと変換してもよいが, そのためにはさらに他の物質が必要であり, 新たな副生成物ができる. どちらもできなければ, 廃棄物として処分するしかない. 触媒や溶媒は合成反応では変化しないので, 原理的にはそのまま再使用できる. ただ, 生成物や副生成物から分離する際に 100 ％の回収は望めない. 回収の工程で他の物質を用いると, そこからも "副生成物" が生じる. したがって, 物質の利用効率は, 反応過程だけではなく, 分離・回収・再生の工程も含めて考える必要がある. そのうえで, 現実的な時間内に反応物から生成物がなるべく高収率で得られ, 用いる他の物質がなるべく少ない方法を探求する必要がある.

　c.　環境負荷を低減する　　環境負荷には, 毒性・残留性[*1]・安全性[*2] など, 多様な要素がある. 毒性にはヒトに直接作用するものもあれば, 他の動植物に

[*1]　**残留性**とは, 毒性そのものはそれほどではなくても, 環境に残留して長期的には生態系に大きな影響を及ぼす性質である. 投棄されたプラスチック製品や農薬の例がある.

[*2]　爆発性や腐食性のように, 正常な輸送・保存・使用に影響を与える事故の原因となりうる要因をさす. 安全性に問題のある物質を用いる場合には, 事故を防ぐとともに, 事故による環境影響を最小限にするための設備による環境負荷も考慮する必要がある.

作用して生態系に影響を及ぼす環境毒性もある. どちらにも短時間で健康や生命に影響を与える急性毒性と, 体内に残留して長期的に影響を及ぼす慢性毒性がある. 急性毒性は**半数致死量**（LD_{50}）または**半数致死濃度**（LC_{50}）で評価できるので, 比較的容易に多数の物質のデータを入手できる. 慢性毒性の評価は容易ではないが, 寿命の短い動物であればデータが手に入りやすい. 動物実験などで入手困難なデータは**構造活性相関**という手法で推算できる場合も少なくない.

環境負荷は廃棄物によるものが最も注目されるが, 反応物や生成物の環境負荷も無視できない. それらの輸送時, 反応および分離精製の工程, 触媒や溶媒の回収の工程にどの程度の注意が必要かは, 毒性や安全性に依存する. 懸念があれば, 特別な材料を用いたり, 事故時の対策を用意するなど, 追加の環境負荷を考慮する必要が生じる. 物質の毒性や環境負荷（まとめて"害"とする）を考える際には, "害の大きさ"とともに"害の起こる確率"も考慮した**リスク**を用いるほうが厳密である. リスクは一般には両者の関数で表され, 簡単には（10・4）式のように定義される.

$$リスク ＝ 害の大きさ × 害の起こる確率 \qquad (10・4)$$

"害の起こる確率"は地域や職業で異なり, それだけ評価が複雑になる.

すべての要因で, 持続可能性への悪影響が最小になるような物質の組合わせは到底考えられない. 全体として環境負荷をなるべく小さく抑えながら, 物質の利用効率をなるべく高くする方法を探求していく必要がある. このように, 技術開発などの際に, 同時には最適化できない複数の要因のバランスをとりながら, 目的や条件に合わせて最も現実的な方法を探す考え方を**トレードオフ**という.

10・4 収率からライフサイクルアセスメントまで ——"グリーン度"の評価法

持続可能化学の目的がどの程度達成されたかを比較するために, いくつかの指標が提案されている. 指標のことを**グリーン度**という. ここでは二つの点に着目して, 指標を紹介する.

10・4・1　物質の利用効率に着目した評価法

a. 収率　§10・3・2では収率の問題点を取上げたが，物質の利用効率という視点に立つと，収率もグリーン度の指標の一つになりうる．収率が高ければ，それだけ多くの原料が製品に反映される．その分，副生成物が減るので，生成物を分離・精製する工程が軽減され，資源節約と環境負荷の低減につながる．ただし，収率では，§10・3・2の酢酸エチル合成での(10・3)式のように，補助物質を大量に用いても，それが数字に反映されないことが欠点である．

b. 原子効率　スタンフォード大学のトロスト（B. M. Trost）は，合成反応の化学反応式の右辺に着目し，"現れる全物質の分子量の和"に対する"目的の生成物の分子量"の割合を**原子効率**（atom economy）と名付け，収率に代わる指標として提案した．たとえば，次の(10・5)式のような付加反応や(10・6)式のような転位反応（§10・5・2参照）では副生成物ができないので，原子効率は原理的には100％となる．

$$CH_2=CH_2 \ + \ Cl_2 \longrightarrow CH_2Cl-CH_2Cl \qquad (10 \cdot 5)$$
エチレン　　　　塩素　　　　1,2-ジクロロエタン

$$(10 \cdot 6)$$

シクロヘキサノンオキシム　　　　ε-カプロラクタム

(10・1)式や(10・2)式のような置換反応や，次の(10・7)式のような脱離反応では，H_2O や HCl など，ほかにも生成物があるので，原子効率は100％より小さくなる．

$$CH_3CH_2OH \longrightarrow CH_2=CH_2 \ + \ H_2O \qquad (10 \cdot 7)$$
エタノール　　　　　エチレン　　　　水

たとえば，(10・1)式の反応の原子効率は，酢酸エチルの分子量を88，水の分子量を18とすると，83％〔$=88/(88+18)\times100$〕になる．一方，(10・1)式と(10・3)式を組合わせると，水ではなく DCU が生成物になる．DCU の分子量は228なので，原子効率は28％〔$=88/(88+228)\times100$〕と大きく低下する．化学反応の一般的な比較には有効だが，収率や溶媒・触媒の有無などは別に考慮する必要がある．

c. E ファクター　オランダのシェルドン（R. A. Sheldon）が化学製品の製造工程を比較する際の目安として用いた **E ファクター**（E factor, environmental factor の頭文字）では，触媒，溶媒など，用いられているものをすべて考慮に

入れる. すなわち, 得られる目的の生成物に対する"広義の副生成物"の質量比で表される.

$$\text{E ファクター} = \frac{\text{広義の副生成物の質量}}{\text{生成物の質量}} \qquad (10・8)$$

"広義の副生成物"とは, 反応終了後に存在する生成物以外の物質すべてをさす. 直接の副生成物だけでなく未反応の原料や触媒・溶媒もこれに含まれる. E ファクターが小さければ環境にやさしく, 大きければ環境に負荷がかかる. たとえば, (10・1)式の反応を例として考えてみよう*. エタノール 46 g と酢酸 60 g から, 触媒として濃硫酸 10 g を用いて反応を行ったとする. 収率は 65 % なので, 酢酸エチル 57 g (= 88 g × 0.65) が得られる. 広義の副生成物は水 12 g (= 18 g × 0.65), 未反応のエタノールと酢酸 37 g 〔= (46 g + 60 g) × 0.35〕, 触媒の濃硫酸 10 g で, 合計 59 g である. したがって, E ファクターは 1.04 (= 59 g/57 g) となる. 収率を高くするために, 片方の反応物を過剰に用いるなどの工夫をすると, E ファクターは変化する. また, この反応を, 同じ酢酸エチルが得られる (10・2)式の反応の場合と比較するなど, 異なる製造工程を互いに比べられる.

10・4・2 持続可能性への影響も考慮した評価法

a. ライフサイクルアセスメント (**LCA**, Life-Cycle Assessment) LCA は,

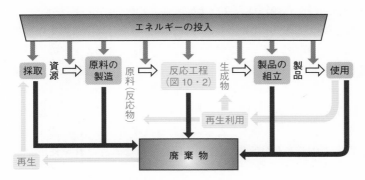

図 10・3 **LCA で考慮する全工程の概要**. GSC (p.144 参照) が特に着目する部分を赤色で示した.

---

* この反応は加熱しながら行うのが普通なので, 消費される燃料も考慮すべきだが, ここでは省略する.

近年は，しばしば大気中の二酸化炭素の増加への影響を評価するために用いられているが，実際には環境負荷全体を総合的に評価できる．持続可能性への影響を考慮に入れるには，副生成物や触媒，溶媒について，§10・3・3であげた環境負荷を考慮するだけでは十分ではない．反応物についても生成物を合成する段階だけでなく，反応物がつくられる段階での持続可能性への影響や，輸送される段階での環境影響も考慮する必要がある．また，生成物が使用され，廃棄または再利用されるまでの過程でも環境負荷が生じる．

LCAでは，これらすべてを数値化して集計し，ある反応の持続可能性への影響の大きさを見積もることをめざす（図10・3）．反応物のように消費されるものについては，その最初の原料が資源として採取される段階から，輸送・製造されるまでのすべての段階を考慮する．一方，生成物については，生成後から使用され廃棄されるまでのすべての段階を考慮する．反応段階で変化しないものは反応前後の両方を考慮する．触媒，溶媒，未反応の反応物などを再利用する場合には，再利用の工程も考慮に入れる．LCAが“ゆりかごから墓場まで”と称されるのはこのためである．

LCAには，各段階で消費される資源の量や，各資源の再生可能性，取扱われる各物質の毒性，環境影響，工程の安全性などについて，膨大な量のデータが必要になる．近年の取組みによって年々多くのデータが得られ，データベースに蓄積されている．信頼できるデータを集積したデータベースが充実するほどLCAの汎用性・信頼性は大きくなる．

LCAの今後の課題の一つは，持続可能性に影響を与える各因子の間の“重み付け”にある．環境影響一つを取上げても，大気・水圏・土壌の汚染，二酸化炭素濃度の増加やオゾン層への影響，生物への毒性，残留性など，考慮すべき因子はいくつもある．これらのうち，どの因子にどの程度の重みをつけるかによって得られる“答え”は変わる．持続可能性にとって，どれが重要かは地域によって異なり，また，時代とともに変わる可能性がある．このような事情にいかに的確に対応するかはLCA自体の問題ではなく，これを使用する人間の問題である．

あらゆる場合に完全なLCAを行って比較するには，大きな時間と労力を要する．このため，たとえば，比較対象の“ゆりかごから墓場まで”のうち共通の部分を省略して，違いにだけに注目するなどの簡便法がしばしば用いられる．

b. エコ効率　　LCAを用いれば，同じ目的に使用される製品について，製

造法による"持続可能性への影響"の違いを総合的に評価できる．それでは，異なる種類の製品の間にまで対象を広げて，その価値と"持続可能性への影響"とを包括的に比較することはできないだろうか．この点に着目した評価方法の一つが**エコ効率**である．エコ効率では，付加価値を分数の分子とし，分母を"持続可能性への影響"として評価する．

$$\text{エコ効率} \ = \ \frac{\text{付加価値}}{\text{持続可能性への影響}} \tag{10・9}$$

なお，分母に"経済性（経費）"を含めることもある．"持続可能性への影響"の評価には LCA，またはその簡便法を用いる．

10・5　グリーンケミストリーの実践

ここでは，グリーンケミストリーの考え方が反映されている研究や技術開発の概要を紹介する．それぞれ，§10・3・3であげた視点 a～c のどれと関係が深いか考えてみよう．すぐれた基礎研究と技術開発の実践例に対しては，米国ではグリーンケミストリー大統領賞が，わが国では JACI GSCN 会議（p.144脚注）から GSC 賞がそれぞれ年1回与えられている．

10・5・1　触媒を用いる酸化反応

炭化水素である石油を原料とする化学工業では，多様な製品を得るために酸化反応を用いる．従来用いられていたクロム酸カリウム（K_2CrO_4）や過マンガン酸カリウム（$KMnO_4$）のような高原子価の遷移金属化合物の酸化剤は，それ自身が有害であるだけでなく，反応後に生じる金属イオン（Cr^{3+}, Mn^{2+}）もまた環境負荷となる．そこで，気体酸素，過酸化水素，オゾンなどの簡単な酸化剤を用いる方法が注目されている．これらを用いれば，反応でできるのは水であり，環境負荷は無視できる．そのまま反応させたのでは燃えてしまう（酸化物などになる）ので，各種の触媒を用いて反応を制御する方法が研究されている．

10・5・2　ベックマン転位の改良

（10・6）式の反応はベックマン（Beckmann）転位とよばれ，生成する ε-カプロラクタムはナイロン6の原料として大量に製造されている．従来は硫酸を

触媒として工業的に製造されていた. 新たに, 硫酸の代わりにシリカ (SiO$_2$) を主成分とする多孔質の結晶 (ゼオライトの一種) を触媒として用いる方法が開発され, 2003 年に工業生産が開始された.

10・5・3　ホスゲンを使わないポリカーボネートの製造

　ポリカーボネート (PC) は, CD や DVD ディスク用の材料として世界的に大量製造されている合成高分子である. その大部分は, ビスフェノール A と猛毒の気体であるホスゲンとから合成されてきた.

新たに, ホスゲンの代わりに二酸化炭素とエチレンオキシドを用いて PC を製造する方法が開発された (実際の工程はもっと複雑).

副生成物であるエチレングリコールには不凍液をはじめ幅広い用途がある.

10・5・4　水や二酸化炭素の溶媒としての利用

　水は有機溶媒と違って環境負荷は無視できるほど小さいが, 有機物を溶かしにくいことから有機合成反応にはほとんど用いられなかった. しかし, 持続可能化学の観点から水を用いる合成反応が研究されている. 一方, 二酸化炭素は 304 K (31 ℃) より高温, 7.4 MPa (73 atm) より高圧で**超臨界状態**になる. 超臨界状態にある流体 (**超臨界流体**) は, 気体でありながら液体に近い密度や溶

解力をもつ（図 10・4）．圧力を下げればもとの気体に戻るので，容易に溶質と分離できる．この性質を利用して，カフェインなどの抽出分離に用いられている．毒性が小さく，超臨界状態でも化学的に不活性なので，合成反応の溶媒とする研究が行われている．

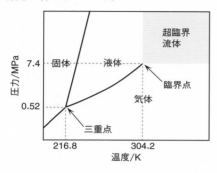

図 10・4　二酸化炭素の
状態図の概略

10・6　廃棄物の削減と処理

化学反応の生成物は工程の最終段階で成形・加工され，製品となって使用される．使用された製品は最終的には廃棄物となる．したがって，廃棄物を減らす工夫も，また，環境負荷を減らして持続可能性に貢献する．このために**節減**（Reduce），**再使用**（Reuse），**再生利用**（Recycle）の **3R** が推進されている．

1) 節減："必要のないものはつくらない"ことが資源の有効利用の点からも重要である．

2) 再使用：使い終わった製品をそのまま再使用するだけでなく，分解して部品に分けて他の製品の製造に使うことも含まれる．

3) 再生利用：次の二つに大別され，持続可能化学の貢献が最も求められる．一つは**材料再生**（material recycle）で，回収品を物理的な方法で元の材料に分け，成形し直して別の製品に変えることである．たとえば，PET ボトル，アルミ缶やスチール缶などのリサイクルはこれにあたる．もう一つは**化学再生**（chemical recycle）で，回収品を材料（反応の生成物）ごとに分別し，合成反応とは逆向きの化学反応で反応物に戻して再利用する方法である．紙製品の再生利用はこれに近い．材料再生に比べて経費がかかる場合が多いので，基礎研究は進められているが，実用化されている例は少ない．

再生利用ができないものは廃棄物となる. 無害化処理して, なるべく環境負荷の小さい方法で環境に放出する必要がある. 効果的に無害化する技術やその基礎となる研究も持続可能化学の役割である.

10・7 おわりに —— 日本の役割

化学の基礎研究は, 今日まで, 新しく有用な材料や製造方法の開発に貢献してきた. 今後は, 資源の有効利用や環境負荷の低減を考慮して, 価値ある新物質や合成反応を探究することが, ますます求められるようになる. 持続可能化学は, 専門家だけでなく, 化学にかかわるすべての者が意識し, 自分の研究・開発・製造のなかで実践に努めるべき課題である.

日本は狭い国土の 10 ％ほどの平地に多くの人口を抱えており, そのなかで産業を発展させてきた. その過程で深刻な公害に直面し, その対策に迅速に取組むなかで, 公害対策技術の先進国の地位を確立してきた. また資源が国内に乏しく, その多くを輸入に頼っていることから, 石油危機の影響を大きく受けたが, これに対応する努力のなかで実質的に持続可能化学に取組みはじめた.

COLUMN

持続可能性の対極にあるもの

持続可能性を考えるとき, "必要のないものはつくらない"ことも大切である. 工業の目標は "人類の幸福の増進"にあるとされている. 言い換えれば, 人々にとって "価値あるものの創造"にある. そうすると, 新たな価値の創造につながらないものはつくらないに越したことはない. その典型が兵器や軍事施設ではないだろうか. 兵器は相当な資源とエネルギーを消費してつくられるが, そのままでは新たな価値を創造することはない. 古くなれば解体されて, リサイクルの対象になるか廃棄物になる. 使うとすれば, それは紛争あるいは戦争の場である. 軍事施設のみならず, 人々がそれまでに創造してきた建物, 道路や鉄道, 輸送車両, 情報通信施設などの "価値あるもの"をも目標として, 大規模に破壊するしか使い途がない. その過程で, かけがえのない多くの人々の命を奪う. 兵器や戦争は持続可能性の対極にあるものといえる.

そのありさまは，さながら"宇宙船地球号（p.142）"の先駆けモデルであるか
のようである*．これからも持続可能性にかかわる新たな課題に，世界に先駆
けて直面するだろう．その課題に取組み，得られた最新の成果を世界に広げる
ことが，日本が世界に果たすべき役割の一つではないだろうか．

参考図書 など

1) "成長の限界" D. H. Meadows ほか 著，大来佐武郎 監訳，ダイヤモンド社（1972）．
2) "環境と化学（第3版）"，荻野和子，竹内茂彌，柘植秀樹 編，東京化学同人（2018）．
3) "グリーンケミストリー"，P. T. Anastas, J. C. Warner 著，渡辺 正，北島昌夫 訳，丸
善（1999）．
4) "沈黙の春"，R. Carson 著，青樹築一 訳，新潮社（1964）．
5) "グリーンテクノロジー"，北島昌夫，山本 靖，佐野健二 著，丸善出版（2011）．
6) "最新グリーンケミストリー"，御園生 誠，村橋俊一 編，講談社（2011）．
7) "図解よくわかる環境化学工学"，堀越 智 編著，菊地康紀，大橋憲司 著，日刊工業
新聞社（2014）．
8) "新時代の GSC 戦略"，御園生 誠，松本英之，野尻直弘 著，化学工業日報社（2011）．
9) "グリーンケミストリー"，日本化学会 編，御園生 誠 著，共立出版（2012）．
10) "演習で学ぶ LCA"，稲葉 敦 編著，未踏化学技術協会（2014）．

---

*　化学ではないが，世界が人口増加と食糧問題の解決に力を尽くしているなかで，いち
早く人口減少を目前にし，人口減少社会がいずれは直面する"少子高齢社会"がひき起こ
す問題にすでに取組んでいることからも，このことがうかがえる．

11

バイオマスのエネルギー利用

11・1　はじめに

バイオマス（biomass＝bio＋mass）は，以前は生態学分野で**生物現存量**，つまり，生物資源量を表す用語だった．生物資源だから，バイオマスはほとんどの農林水産資源を包括し，**食料，素材資源**と考えるというのが一般的だった．この用語の用い方が大きく変わったのは，1970年代の石油ショックと，その後の温暖化などの地球環境問題が起こって以後のことである．再生可能な代替エネルギーの開発や導入が強く求められるようになり，バイオマスは"エネルギー源としての生物資源"という意味を含むようになった*．本章では，環境問題と連携したバイオマスのエネルギー利用について説明する．

11・2　エネルギー資源としてのバイオマス

バイオマスを利用したエネルギーのことを，わが国では**バイオマスエネルギー**，欧米では**バイオエネルギー**（bioenergy）という．用語的には新しいが，**薪**，**薪炭**のように，人類が最も古くから利用してきたエネルギーである．今でも多くの発展途上国で最もよく使われるエネルギー源であるが，きちんとした統計がなく，世界のバイオマスエネルギーの市場占有率の値にはばらつきがある．

わが国では，2002年1月25日付で"新エネルギー利用等の促進に関する特別措置法（通称：新エネ法）"施行令の一部が改正され，バイオマスが初めて新エネルギーとして認知された（参考図書1）．改正された政令で，"バイオマ

---

*　バイオマスは現在でも厳密な定義はなく，分野あるいは国によって定義が異なるので，データ，文献の読取りには注意が必要である．

スは動植物に由来する有機物であってエネルギー源として利用することができるもの（原油，石油ガス，可燃性天然ガスおよび石炭ならびにこれらから製造される製品を除く）"とされている．バイオマスは多種多様であり，木材，農産物などの従来型の農林水産資源だけでなく，木からパルプを取った後に残る黒色粘稠な残渣である黒液，アルコール発酵残渣，下水汚泥などの有機性産業廃棄物，厨芥や紙くずなどの一般都市ごみなども含まれる．バイオマスは地球上の草木や海洋中の海藻，プランクトンも含まれ，その賦存量*1 は膨大である．

バイオマスが化石資源の枯渇などのエネルギー問題や，温暖化，砂漠化などの環境問題に貢献できるとみなされるようになったのは，バイオマスのもつ次のような特性によるところが大きい．

1) **再生可能性**（renewable）：光と水で再生される唯一の有機資源
2) **貯蔵性，代替性**（storable, substitutive）：有機資源なので，既存の化石系資源燃料装置やシステムに適用でき，原料として，あるいは生産物である液体/気体/固体燃料として，貯蔵が可能
3) **膨大な賦存量**（enormous amount）：地球上のいたるところに存在
4) **カーボンニュートラル**（carbon neutral）：バイオマス燃焼により放出される CO_2 は再生時に固定・吸収されるので，地球規模での CO_2 バランスを崩さず，温暖化の軽減に寄与

バイオマスのコスト評価をエネルギーのみに限定すると，現状では化石系資源と競合することは難しいかもしれない．そこで，バイオマスは，環境，つまり，温暖化防止，砂漠化防止，生態系保持などや，素材，つまり，最初に付加価値のある素材として利用し，その後の廃棄物をエネルギー源とすることなどの総合利用，カスケード利用の観点で考えることが重要になる．

2020 年にわが国は "2050 年カーボンニュートラル" をめざすことを宣言した．新しい経済社会，いわば Society 5.0 with Carbon Neutral*2 の実現が必要

---

*1　賦存量とは，ある資源について，理論的に取出すことができるエネルギー資源量をさす．資源を利用するにあたっての種々の制約要因（法規制，土地用途，利用技術など）を考慮しないため，一般にその資源の利用可能量を上回る．

*2　**Society 5.0** とは，狩猟社会（Society 1.0），農耕社会（Society 2.0），工業社会（Society 3.0），情報社会（Society 4.0）に続く "サイバー空間（仮想空間）とフィジカル空間（現実空間）を高度に融合させたシステムにより，経済発展と社会的課題の解決を両立する人間中心の社会" をさし，第 5 期科学技術基本計画（2016～2020 年度）にて初めて提唱された．**カーボンニュートラル**とは，何かを生産したり，一連の人為的活動を行ったりした際に排出される二酸化炭素と吸収される二酸化炭素を同じ量にする，という考え方をさす．

になり, バイオマスはその重要な一翼を担っている(参考図書2).

　恒常的に一定量の供給可能なエネルギー資源としての観点から考えると, その候補となるのは"木質系バイオマス (樹木)"と"有機性廃棄物"である. 将来的にはエネルギー製造を主目的として栽培される植物など (たとえば, サトウキビ, トウモロコシ, アブラナなどの草本系バイオマス, 藻類) のエネルギー作物が, バイオマスとしての大きな役割を果たすと思われる. しかし, バイオ燃料であるエタノール製造で説明するように (§11・4参照), バイオマスの生産には土地が必要であり, 食糧生産との兼ね合いなど, 他の目的との競合が問題となる. そこで, エネルギー源としては, 食糧生産には向かない土地で非食糧型バイオマスの利用をはかることが, 社会的コンセンサスとなりつつある.

11・3　世界のバイオマスエネルギーの動向

11・3・1　世界全般

　国際エネルギー機関 (IEA: International Energy Agency) の統計によれば, 2018年の世界の一次エネルギー (自然界に存在するエネルギーで, 人為的な変換プロセスを経ていないもの) は石油エネルギー換算で14,421 MTOe (Mega Ton Oil equivalent, 1 MTOe = 4.2×10^{16} J) である. そのうち, 図11・1の赤枠で示すバイオマスエネルギーの占める割合 (生物燃料・廃物) は9.2%と高い. ただし, 供給バイオマスエネルギーのうち, 従来型の料理・暖房用などの利用が50%に達するといわれ, 近代型の発電, バイオ燃料などの利用は50%以下である. 今後, 近代型が増加すると予測され, 今後も**再生可能エネルギー (RE: Renewable Energy)**, バイオマスエネルギーの導入を促進すべきであるという

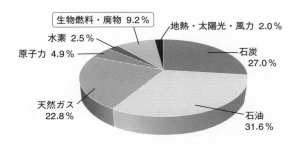

図 11・1　世界の一次エネルギーの割合 2018年 (参考図書3)

提言もある.

　欧州（EU）はバイオマスエネルギーを含む RE の導入に熱心であり，各国の RE に占めるバイオマスエネルギーの割合も高い（参考図書3）. たとえば，スウェーデンでは，2018 年のバイオマスエネルギーの生産量は全エネルギー生産の 31 ％を占める. EU のバイオマスエネルギーの 80〜85 ％は木質系バイオマスや黒液などの利用によるもので，発電や**燃電供給システム**（**CHP**: Combined Heat & Power）への利用が推進されており，今後も着実な伸びを示す方向にある.

　米国は，ここ数年，"政権が代わるとエネルギー政策が大きく変わる"状況にある. 2007 年に新エネルギー法が成立し，トウモロコシ由来のバイオエタノールの大量導入の方針が出され，世界的なバイオエタノールブームを起こした（p.167 コラム参照）. しかし，短期間での大量導入政策は，世界的な食糧問題やエネルギー問題もひき起こした. 次の政権は，"脱石油/グリーンニューディール"を掲げ，再生可能エネルギーの導入を明言した. ただし，前政権のようにバイオエタノールには特化せず，バイオマスエネルギー，バイオ燃料全般に重点をおいた. しかし，その次の政権（2017〜2021 年）では，バイオマスエネルギーについての具体的な提言をせず，2017 年 11 月には地球温暖化対策の国際枠組み"パリ協定"からの離脱を表明した. 現政権になり，2021 年 2 月にパリ協定に復帰した.

　2000 年代に入り，エネルギー消費が急増しているアジアも，バイオマスエネルギーの導入や効率的利用を政策に取入れ始めた. 元来，アジア地域では，バイオマスのエネルギー利用の割合が高い. たとえば，2020 年にインドは一次エネルギーに占めるバイオマスの割合が 22 ％である. バイオマスエネルギーの多くが従来型であり，今後は近代型のバイオマスエネルギー，バイオ燃料の利用を促進する方針が打ち出されると思われる.

11・3・2　日　本

　2002 年 1 月の政令の改正によって，バイオマスが新エネルギーに認定されて以降，わが国ではバイオマスエネルギーの導入に関する提言，施策が次々に出された. 2010 年度に"エネルギー基本計画"，"エネルギー供給高度化計画"，"全量（固定価格）買取制度（FIT: Feed-in Tariff）"などが審議されるなかで，東日本大震災と原子力発電所事故（2011 年 3 月 11 日）が発生した. そのため，

わが国の再生可能エネルギー政策であるエネルギー生産量の分布も大きな影響を受けた．2010 年からの日本のエネルギー生産量とその内訳を図 11・2 に示す．エネルギー自給率は，2010 年度 20.2 ％，2018 年度 11.7 ％である．

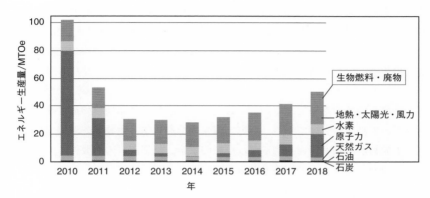

図 11・2　**日本のエネルギー生産量とその内訳の年次変化（参考図書 3）**

　震災と事故を受けてのエネルギー政策の見直しがなされ，再生可能エネルギーのいっそうの導入促進が提言される見込みである．自給と輸入を合わせたわが国で利用している一次エネルギーにおいてバイオマス・廃棄物については，2010 年度の実績 1 ％（144 億 kWh 換算）を 2030 年度に 3 ％（328 億 kWh 換算）にするという現行計画の維持の方針が出されている．

　バイオマスエネルギーの大きな供給源は，木質系バイオマス，次に食品系，製紙系廃棄物である．潜在的なバイオマス量に関わる森林率は，日本では 68 ％あり，フィンランドの 73 ％，スウェーデンの 68 ％とあまり変わらない．しかし，日本の再生可能エネルギーの一次エネルギーに占める割合は 3 ％であり，そのなかで，バイオマスは 1 ％以下と低い．それでも潜在的なバイオマスエネルギーは約 1500 PJ/年（＝1.5×10^{18} J/年）であり，日本のエネルギー供給量の 5〜10 ％という高さである．今後，経済性にみあったバイオマスエネルギーの導入が課題となる．2012 年 7 月に成立した再生可能エネルギーの固定価格買取制度は，導入促進の一因を果たしてきた．同制度により 2019 年 12 月時点で，計 411 箇所，221 万 kW のバイオマス発電所が稼働し，622 箇所，854 万 kW が認定されている．

11・4　バイオマスのエネルギーへの変換プロセス

　図11・3にバイオマスからエネルギーへの変換プロセスの体系図，表11・1に，原料側からみた適したプロセスとの相関図を示す．ここに掲げたプロセスは，実用化，あるいは一部実用化（大型実証化）されたおもなもので，ほかにも開発段階のプロセスが多々あることを断っておく．直接燃焼のほか，バイオマスからのエネルギー製造の変換プロセスには，おもに熱化学的変換（広義）と生物化学的変換がある．**熱化学的変換**は，高速・短時間でスケールメリットがあり，原料に不純物が多くてもよく，幅広い原料に対応できる．ただし，原料は乾燥して低含水率であることが必要で，反応生成物は多種の成分を含む混合物なので精製が必要である．一方，微生物を利用する**生物学的変換**では，特定の生成物が高収率で得られるが，原料の限定，反応制御の必要性，大規模化では土地の必要性などの制約もある．

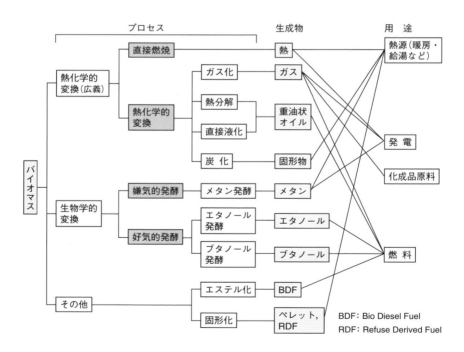

図11・3　バイオマスからエネルギーへの変換プロセス

表 11・1　バイオマス原料と適した変換プロセスの相関図

原　料	木質系	製紙系	草本系	糞尿・汚泥	食品廃棄物	糖・デンプン	植物油
Dry/Wet	D	D	D	W	W	W	W
直接燃焼	◎	◎			○		
ガス化	◎	◎	○				
熱分解	◎	◎		○	○		
直接液化	○	○		○	○		
炭化	◎	○					
メタン発酵				◎	◎		
エタノール発酵		○			○	◎	
ブタノール発酵					○	◎	
エステル化							◎
固形化	○				◎		

◎: 適しており，すでに実用化　　○: 適しており，一部実用化

　バイオマスの原料は多種多様であり，変換プロセスも，特に含水率などの原料の性状や求めるエネルギー形態（電気，または固体/液体/気体燃料）に応じて，それぞれの変換も多様である．"バイオマスエネルギーを代表する顔（プロセス）がない"といわれる由縁である．しかしながら，原料バイオマスの特性に応じた多種のプロセスを適所適材に用いることにより，バイオマスを地域分散型ローカルエネルギーとして有効に利用できるようになる．

　バイオマスのエネルギー変換の技術は，それぞれの開発の段階や規模がさまざまである．基礎技術はほぼ成熟し，現在，世界の一部の地域で実用化されている規模の大きいプロセスとしては，木材，都市廃棄物などの直接燃焼発電，サトウキビなどのデンプン質を基質とする発酵によるエタノール燃料製造，家畜糞尿や下水汚泥からのメタン発酵によるバイオガス製造がある．直接燃焼発電では発電だけでなく，生じる熱の利用を含む．これを**コジェネレーション**（co-generation，略称コジェネ）という．

　以下には，直接燃焼発電，ガス化や液化などの熱化学的変換プロセス，メタン発酵やエタノール発酵などの生物化学的変換プロセスを簡単に紹介する．興味ある読者は，バイオマスハンドブック（参考図書 4）など，既刊のバイオマスやバイオエネルギーに関する著書，総説を参考にされたい．

11・4・1 直接燃焼発電

直接燃焼発電は，バイオマスの燃焼によって水を加熱して，水蒸気を発生させ，タービンを回して発電する．原理は蒸気機関車と同じである．燃焼発電は発電規模が大きいほど発電効率が高く，スケールメリットの効果が顕著である．木質系バイオマス発電の場合，1 MW（1×10^6 W）での発電効率は約 10 ％だが，10 MW では倍の約 20 ％となる．バイオマス燃焼発電に関しては，供給可能量，つまり，原料の調達が限定されるので，石炭，重油，LNG（液化天然ガス）のような大規模発電・高効率化は望めない．わが国のバイオマスの供給可能量は約 100 トン/日であり，最大でも 500 トン/日程度である．一方，石炭は 2500〜5000 トン/日の供給が普通である．なお，バイオマス燃焼の最適規模は 30〜50 MW 前後と報告されている．石炭燃焼発電では 1000 MW 規模のものが多く稼働しており，発電効率は約 35〜40 ％である．超超臨界*，ガス化複合発電などの導入により 50 ％以上になる見込みである．

11・4・2 熱化学的変換プロセス

ガス化は，バイオマスなどを 800〜1100 ℃ の高温で，酸素比を抑えた条件下で反応させ，熱分解とそれに続く各種化学反応によってガスを主生成物とするプロセスである．ガス化は複雑な反応が関与する．原料はセルロース，ヘミセルロース，リグニン，タンパク質などで構成され，これらの物質の結合や切断に無数のパターンが存在し，中間生成物も多様で，燃焼，部分酸化，水蒸気改質，シフト反応，水素化などの反応が関与する．入口（原料）と出口（ガス）での物質収支式は，一般に，以下のように表される．

$$C_xH_yO_z + \alpha O_2 + \beta H_2O \longrightarrow \gamma CO + \delta H_2 + \varepsilon CO_2 + \pi CH_4 + (\eta\, C_nH_m)$$

$$(11 \cdot 1)$$

ここで，原料バイオマスが木の場合には $C_xH_yO_z$ は $C_1H_{1.5-1.8}O_{0.6-0.8}$ である．C_nH_m は熱分解後に得られる油状物質（タール）や残炭（チャー）などの副生成物であり，これらをいかに少なくするかがガス化研究の一つの鍵になる．ガス化はまだ実証段階だが，小規模のものは一部実用化され，総合効率が高いので有望視されている．実用化が見込まれるものとして，ガス化で生成したガス

＊ 燃焼でつくる蒸気を従来よりも高温，高圧にして発電する方式．熱効率が高く，燃料使用量が少なくて済む．

を燃焼させるガス化発電と，ガス化経由で液体燃料を合成する間接液化がある（参考図書5）.

ガス化発電は，生成ガスの燃焼によるガスタービンを用いた発電に加え，高い廃熱を利用して再度ガスタービンで発電する二段階発電である．したがって，直接燃焼発電よりも発電効率が高い．また，燃焼発電よりも小規模であるが，発電効率が高く，木質系バイオマス向きであり，現在，実用化のためのプラント試験が世界の各地で行われている．バイオマスの場合，石炭との混焼発電のような大規模発電を行うか，あるいは地域のバイオマスを原料としたガス化であるマイクロタービン発電，ガスエンジン発電のような小規模分散型の発電システムを選択することになる．後者の場合は，エネルギーが主目的というよりは，地域システムすなわち地産地消であり，環境問題や経済社会問題が大きく関与する．

バイオマスをガス化して得られる CO や H_2 などの合成ガスを原料にして，液体燃料（**BTL**: Biomass-to-Liquid）と化学薬品を製造する**間接液化**は，石油枯渇後の各種燃料と化学原料製造に対応するバイオリファイナリー[*1]の可能性を示す．石炭や天然ガスからのメタノール合成などはすでに商業化されており，バイオマスの分野でも 10～20 年内に実用化するために，現在，開発が進められている．ガス化-メタノール合成は，原料粉砕→ガス化→触媒合成の一貫プロセスが実証されており，ほかにジメチルエーテル（DME），FT 軽油[*2]，液化石油ガス（LPG）製造などの試みも行われている（参考図書6, 7）.

11・4・3　生物学的変換プロセス

a. エタノール発酵　エタノール発酵は，酵母を用いた発酵によって，糖（グルコース），デンプンからエタノールを製造する.

$$C_6H_{12}O_6 \longrightarrow 2\,C_2H_5OH + 2\,CO_2 \qquad (11・2)$$

サトウキビ，トウモロコシなどを原料とした発酵法では，酵母その他の酵素の遺伝子改良，製造装置の工学的改良が日々行われ，技術的には成熟している．得られたエタノールは，ガソリンに直接混合してバイオ燃料として用いる．ガソリンへの混合率は 3～100 ％であり，国や対応車によって基準が異なる．ブラジルでは 100 ％のバイオエタノール車があり，わが国では 3 ％混合である.

---

　*1　バイオマスを原料として，バイオ燃料や樹脂などを製造するプラントや技術のこと.
　*2　Fischer–Tropsch 法により製造される軽油.

2007 年の世界的なバイオエタノールのブームがひき起こした問題の反省（コラム参照）をふまえ，現在，非食糧系バイオマスからのエタノール製造が提唱され，リグノセルロース系の前処理である糖化や，グルコース以外の糖（五炭糖：ペントース）を発酵させる細菌や酵素の研究も活発に推進されている.

b. メタン発酵　　メタン発酵（嫌気性消化）は，下水処理，畜産糞尿などの含水率の高い，したがって，燃焼などの熱化学反応が不利で不適な廃棄物系バイオマスを原料とする. 酸素の少ない条件下で多種の微生物群により分解し，最終的におもにメタンと CO_2 からなるガスを生成する. 単にエネルギーの回収だけでなく，廃棄物および排水の処理と併せたプロセスとして，各地で導入されている. 厨芥や食品廃棄物のように，含水率の高い固体状の廃棄物は，通常，メタン発酵の前に機械的処理や熱処理などが必要で，これに関する研究も活発に遂行されている. 欧米やアジアでは，家畜糞尿のメタン発酵で得られたメタンが，家庭内や地域内の燃料源として伝統的に小規模で使われている. 現在では燃料電池やガスエンジンへの利用も試みられている. わが国でも，下水汚泥から得られるバイオガスを精製して，都市ガスラインに混入する試みがなされている.

11・5　バイオマスエネルギーの社会的動向

これまで説明した各種バイオマスのエネルギー転換技術は，ここ数十年の間に格段の進歩を遂げたもの，歩みは遅々たるが着実に実用化されたもの，あるいは当面困難だと消えてしまったものなどである. 今後も技術は革新され，新たなプロセスが誕生する一方で，実用化されずに消えていくプロセスもあり，その意味で，現時点でのプロセスの"詳細"を記載することは本意ではない. ただ，最後に，エネルギー変換技術に関しては，科学だけで採否が決められない一面のあることを記しておきたい. すなわち，技術の良し悪しだけで，エネルギー政策は決められるものではない. 政策は"一朝"にして変わることもあるが，技術は"一日にしてならず，研究者は備えよ，踊らされるな"，と言いたい. 次のページのコラムに示したように，バイオマスエネルギー研究者が政策に翻弄されたこともあり，研究者は常にアンテナを張り，自分の技術のスタンス，どのような応用，発展ができるかを考えつつ，研究を推進することが求められる.

COLUMN

バイオエタノールブームの顛末

　2007年米国のブッシュ大統領（当時）は，バイオエタノールの使用量を2015年までに5677万 kL に倍増する方針を打ち出し，世界的にバイオエタノールブームをひき起こした．しかし，この短期間での大幅導入政策は，世界のトウモロコシ価格とそれに連鎖した穀物価格の高騰（2007〜2008年の1年でトウモロコシ1ブッシェル（約25.4 kg）当たり5 → 7.5 → 3.5 ドルと乱高下）の一因とされ，バイオ燃料の是非について激しい議論をひき起こした．ちなみに，コーンベルト地帯がブッシュ大統領の有力票田にあり，2005年のトウモロコシ価格は2.1 ドルと“低迷”していたため，トウモロコシの需要拡大が望まれていたこと，農業所得補償関連の出費削減要請も要因である．また，これまでほかの食糧生産に使われていた土地のサトウキビ，トウモロコシなどへの転作が一因とされる世界食糧（穀物，家畜肉を含む；これらの穀物を飼料とするため）価格の急騰，あるいは土地（生物）多様性保全や土地の持続可能性に関して疑問や批判が出され，バイオ燃料の LCA（ライフサイクルアセスメント）解析（10章および参考図書8）の検討結果によれば，穀物などの食糧からのバイオエタノール製造は CO_2 削減効果がほとんどなく，森林を新たに開拓して農地に変換した場合の CO_2 削減効果は小さい，と報告されている．今後の見通しとして，ガソリンの CO_2 排出量と比較して，一定基準（50 %）以上の CO_2 削減水準をもつものの導入が提唱され，併せて非食糧型バイオマスからのバイオ燃料（エタノールや BTL）製造の技術開発の重要性が提示されている．ちなみに，日本においてこの削減水準を満たすケースは，ブラジル産のサトウキビ，国産ではテンサイと建築廃材からのエタノールの3ケースと報告されている．その後の変動はあるものの，トウモロコシ価格は高止まり，当初の導入量の目標は下げられたが，米国での2004年から2014年への導入量は4倍以上に拡大している．これらの状況は，米国の国内事情によるところが大きかったが，他国も大きな影響を受けた．2008〜2012年度ごろ，日本のバイオ燃料関連の予算やプロジェクトは“バイオエタノール燃料”に特化されたが，ブームが去った後は，“バイオ燃料全般関連”の予算が一気に削減された．バイオエタノールに限らず，バイオマスエネルギー，再生可能エネルギーやエネルギー関連技術ではこのようなことが起こりうる．

参 考 図 書 な ど

1) 2001年6月, 総合資源エネルギー調査会・新エネルギー部会(経済産業省)で初めて"バイオマスエネルギー"導入提言. 2002年1月25日付政令改正.

2) https://www.keidanren.or.jp/policy/2020/123_honbun.html

3) IEA World Energy Statistics and Balances (https://www.iea.org/data-and-statistics/data-product/world-energy-statistics-and-balances#world-energy-statistics). IEA Bioenergy の下には, プロセスや課題ごとに Task が設定され, 参加メンバー国から毎年 Country Report が出されている.

4) "バイオマス・ハンドブック(第2版)", ㈳日本エネルギー学会 編, オーム社 (2009).

5) 小木知子ほか, スマートプロセス学会誌, **5**(2), 102-107 (2016).

6) 石井弘実ほか, 日本エネルギー学会誌, **84**(5), 420-425 (2005).

7) 菱田正志ほか, 三菱重工技報, **48**(3), 41 (2011).

8) "バイオ燃料導入に係る持続可能性基準等に関する検討会", 報告書, 平成22年3月5日, 経済産業省(国際的には, 国際バイオエネルギー・パートナーシップ GBEP).

12

放射線の発見から原子力発電へ

12・1　は じ め に

　東日本大震災とそれに続く福島第一原子力発電所事故は，人々の生き方，生活，社会に大きなインパクトを与えた．特に，原子力発電所事故は放射性物質による広範囲の環境汚染をまねき，原子力発電の安全に対する懸念を深めることとなった．本章では，放射性元素の発見と，非人道的な大量殺りく兵器としての核兵器開発や原子力発電への展開について，放射化学・核化学の見地から解説する．

12・2　放射化学の始まりと原子構造論の発展

12・2・1　放射能と放射性元素ラジウムおよびポロニウム

　現代物理学の基盤である原子核の概念，ならびに現代化学の基盤である原子構造論に基づく新しい科学的体系の**原子核科学**（nuclear science）の確立と発展が，新技術としての核エネルギーの利用を可能とした．原子核科学は放射能の発見に端を発したが，放射線の発生が物質の性質とする放射能の概念は，物質科学である化学の体系にも影響を及ぼした．

　1896 年，フランスのベクレル（A.H. Becquerel）*はウラン化合物などから放射線が放出されるという自然現象を発見し，**放射能**（radioactivity）ないしは**放射性**（radioactive）という概念が，自然科学体系にはじめて登場した．磁性や熱伝導性などと同様に，放射能が特定の物質の性質であることから，化学の立場で放射能現象の解明が求められた．

---

*　放射能に関する単位にはベクレル Bq，放射線量に関する単位にはグレイ Gy，シーベルト Sv がある．違いについては "きちんと単位を書きましょう──国際単位系（SI）に基づいて"，中田宗隆・藤井賢一 著，東京化学同人（2022）参照．

　この数年後，フランスのキュリー夫妻（P. & M. Curie）は，ウラン化合物や放射性鉱物から放出される放射線量を測定し，ウラン以外にも放射性物質があることを立証した．ウラン金属からの放射線量率をウラン化合物・鉱物と比較すると，ほかの元素（たとえば酸素）で希釈されている放射性鉱物（ピッチブレンドなど）は高線量率だった．また，分析化学の分野で培われた沈殿分離法などの元素分離の技術を駆使した結果，単離された物質には放射性の新元素であるラジウム Ra およびポロニウム Po（キュリー夫人の母国ポーランドにちなむ名前）が含まれていた．この発見は放射性物質の化学である放射化学の始まりでもあった．

12・2・2　放射能と半減期の関係

　現代では，**放射能** A（単位はベクレル Bq，あるいは SI 組立単位では s^{-1}）は，単位時間当たりの放射性核種の数量（放射壊変の回数）N の減少量として表される．

$$A = -\frac{dN}{dt} \tag{12・1}$$

この**半減期**を T とすると，放射能と半減期は次のような関係になる．

$$A = -\left(\frac{\ln 2}{T}\right) \times N \tag{12・2}$$

同じ原子数（物質量）当たりの放射能は放射性核種の半減期に反比例する．天然ウランには ^{238}U（99.3 %）と ^{235}U（0.7 %）が含まれ*，主成分である ^{238}U の半減期は約 45 億年である．これに対して，キュリー夫妻の発見した ^{226}Ra の半減期は 1600 年で，約 3×10^6 倍の開きがある．このように放射線核種が異なると，半減期も異なる．

　ラジウムおよびポロニウムの同位体の半減期は，いずれも，自然界に大量に存在する放射性核種（^{238}U, ^{235}U, ^{232}Th, ^{40}K など）の半減期（$\sim 10^9$ 年以上）よりもはるかに短い．ウランやトリウム Th のような長半減期の放射性同位体のみで構成される物質は，大量に扱っても放射能は十分に低いので，放射線の被曝の影響は比較的小さい．しかし，その他の半減期の短い物質では，被曝量を抑えるために，一度に少量しか扱うことができない．極微量物質の安全な取扱

---

　　*　試薬のウランでは，^{235}U の量の同位体存在度がしばしば天然ウランよりも下回る．^{235}U を同位体濃縮して，残った劣化ウランが売られているためと思われる．

いや被曝リスクの低減は，その後，より短寿命の放射性核種の化学にかかわる
実験技術の発達のなかで，常に意識され，対策がとられるようになった．たと
えば，オークリッジ型フード（前面開口部から作業する）や，カリフォルニア
型フード（前後両面あるいは左右両側面も引違い戸になっていて両面あるいは
四面から作業できる）などが，有害物質を取扱うときに利用されている．これ
らの原型は 1940 年代の放射性物質の安全な取扱い技術である．

12・2・3　核現象としての放射能

　キュリー夫妻が明らかにしたことは，放射能が元素の性質の一つということ
である．元素の実体は原子だから，放射線の発生の有無は原子構造の違いで説
明されなければならない．当時の原子モデルには，スイカ型と称されるトムソ
ンモデルや土星型の長岡モデルがあった（図 12・1）．いずれも電磁気にかか
わる現象を説明するための電子の存在を想定し，その負の電荷を中和するため
に，正の電荷が局在化した粒子があるはずだと考えた．1911 年に，ラザフォー
ドは α 粒子の散乱実験によって，この正の電荷をもつ粒子が原子全体の 10^{-5}
程度の大きさであることを確定した*．原子全体の質量が集中するこの正に帯
電した部分は**原子核**と名付けられ，放射線の発生は原子核の何らかの変化によ
るものと考えられた．ちょうどその頃に誕生しかけていた量子力学は，原子の
エネルギーがとびとびであるという量子化の概念を導いた．放射線の発生はエ
ネルギーの高い状態の原子核がより低いエネルギー状態に移る際の脱励起過程
として理解されている．

　放射性核種が放出する放射線のエネルギーは 0.1〜2 MeV 程度である．1 原

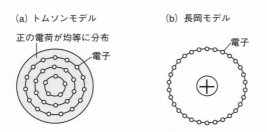

図 12・1　20 世紀初頭の原子構造モデル

---

*　原子の構造を決定する実験法について，もっと詳しく勉強したい人は"化学 — 基本の
考え方 13 章（第 2 版）"，中田宗隆 著，東京化学同人（2011）参照．

子当たりの化学結合のエネルギーは 1 eV 程度だから，放射線を発生する核の変化には，その約 100 万倍のエネルギーの出入りが伴う．新たなエネルギー源として，原子核の変化が注目された．

核エネルギー利用の第一歩は，1939 年のドイツのハーン（O. Hahn）とシュトラスマン（F.W. Strassmann）による核分裂の発見である．^{235}U に中性子を照射すると核分裂が誘導され，数個の中性子が発生する．この中性子が近傍の^{235}U に吸収されると核分裂が再び起こる．つまり，核分裂 → 中性子の発生 → ^{235}U による中性子の吸収と核分裂が連鎖的かつ連続的に起こることとなる（§1・3・4参照）．これが**核分裂連鎖反応**（図 12・2）である．核分裂が起こるたびに核エネルギーが発生するので，核分裂が連鎖的に起こる速度を制御できれば，新たなエネルギー源としての利用の可能性が広がる．

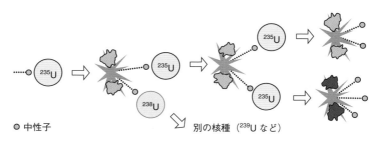

● 中性子　　　　　別の核種（^{239}U など）

図 12・2　^{235}U の核分裂連鎖反応

しかし，当時の核エネルギーへの社会的ニーズは，原子力発電ではなく，軍事的利用だった．ゆっくりと長期にわたって継続する核分裂連鎖反応よりも，瞬間的に連鎖反応を進行させて，爆発的にエネルギーを得るための核エネルギー技術の開発が先行した（§12・4）．

12・3　超ウラン元素の発見とアクチノイドの概念の確立

核分裂の発見（1939 年）に続いて，米国のマクミラン（E.M. McMillan）やシーボーグ（G.T. Seaborg）らは，**超ウラン元素**であるネプツニウム Np（1940年）やプルトニウム Pu（1941 年）を発見した．いずれも，ウランに中性子や重陽子 ${}^{2}H^{+}$ を照射して起こる核反応によって合成された．特に，プルトニウムは少量でも核分裂連鎖反応を起こすので，軍事的利用の可能性が注目された．

先に知られていた ^{235}U とともに，Pu の複数の同位体の核分裂連鎖反応も兵器への利用の可能性が探求された．

　超ウラン元素の発見はその後も続く．まず，マンハッタン計画（§12・4・1参照）の末期の 1944 年に，カリフォルニア大学バークレー校のシーボーググループがアメリシウム Am とキュリウム Cm を，続いて 1949 年にバークリウム Bk とカリホルニウム Cf を発見した．原子番号 95 番の Am は原子炉*内で生成した ^{241}Pu の β$^-$壊変（1 章参照）によって得られ，96 番元素 Cm，97 番元素 Bk，98 番元素 Cf は加速器による α 線照射で合成された．もちろん，原子炉内でも Cm，Bk，Cf の生成が確認されている（図 12・3）．なお，図中の "核分裂生成物 FP（fission products）" は核分裂で生成する多種類の放射性核種（^{90}Sr，^{128}I，^{137}Cs など）の総称である．

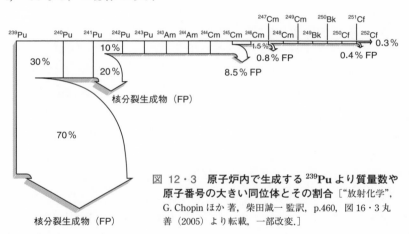

図 12・3　**原子炉内で生成する ^{239}Pu より質量数や原子番号の大きい同位体とその割合**［"放射化学"，G. Chopin ほか著，柴田誠一監訳，p.460，図 16・3 丸善（2005）より転載，一部改変．］

　カリホルニウムまでの超ウラン元素の化学的性質は，ウランやトリウムのような原子番号の大きい元素の周期表上での位置を確定するための重要な発見となった．1899 年にアクチニウム Ac が，1917 年にプロトアクチニウム Pa が自然界で発見された時点では，後にアクチノイドに分類される元素は Ac，Th，Pa，U の 4 元素のみだった．この 4 元素の最も安定な酸化状態は，それぞれⅢ，Ⅳ，Ⅴ，Ⅵ価となる〔ただし，ウラン(Ⅳ) もかなり安定〕．このため，化学的性質を

　＊　核分裂連鎖反応の速さや大きさを制御した状態で発生させることで，核分裂のエネルギーなどを安全に取出すための装置を**原子炉**という．中性子の減速および炉心の冷却のために軽水を用いた原子炉を**軽水炉**という（13 章参照）．

考えると，アクチニウムは周期表の3族，トリウムは4族，プロトアクチニウムは5族，ウランは6族に帰属することが妥当となる（周期表参照）．しかし，超ウラン元素 Np, Pu, Am, Cm, Bk, Cf が発見あるいは人工的に合成されると，最も安定な酸化状態は Np では V 価だが，それ以外の酸化状態もかなり安定，Pu では III，IV，V，VI 価がほぼ同等に安定，Am 以上の原子番号の元素 Am, Cm, Bk, Cf はいずれも III 価が最も安定であることが明らかとなった．そこで，これらの人工元素は，むしろ周期表上の3族元素と考えられた*（表 12・1 参照）．

表 12・1　**アクチノイド元素**

原子番号	89	90	91	92	93	94	95	96	97	98
元素記号	Ac	Th	Pa	U	Np	Pu	Am	Cm	Bk	Cf

原子番号	99	100	101	102	103
元素記号	Es	Fm	Md	No	Lr

　以上のように，原子番号が小さい Ac から U は d ブロック遷移金属元素（価電子が d 電子である遷移金属元素）の性格が強いが，Am 以上の原子番号の元素は，ランタノイド元素と同様に，f ブロック遷移金属元素（価電子が f 電子である遷移金属元素）の性格がはっきりと表れる．その後 1961 年までに，99番から 103 番元素のアインスタイニウム Es，フェルミウム Fm，メンデレビウム Md，ノーベリウム No，ローレンシウム Lr が次々と発見され，III 価が最も安定であることがわかった．そして，各元素の電子配置が明らかになった結果，Ac から Lr までの 15 元素は，ランタノイド元素と同様に，f ブロック遷移金属元素として扱われた．Th, Pa, U, Np, Pu にみられる高酸化状態は，6d 軌道と 5f 軌道のエネルギー準位が近接するために，5f 軌道の代わりに 6d 軌道が酸化状態の決定に関与すると解釈された．この結果，長周期の周期表では，ランタノイド元素の La と同様に，アクチノイド元素では 15 元素を代表する形で Ac を 3族に配置することとなった（周期表参照）．こうして，Ce から Lu までのランタノイドと，Th から Lr までのアクチノイドを周期表全体の最下部に並べる現代の

---

　*　U と Am に挟まれた 93 番元素 Np および 94 番元素 Pu は III 価もかなり安定だが，高酸化状態も安定である．Ac から U までを 3族から 6族に配置するのと同様に，Np を 7族，Pu を 8族とすることに妥当性はあった．

長周期の周期表が完成し，4f元素であるランタノイドと同様に，5f元素としてのアクチノイドの概念が無機化学の体系に認められた．

　以上のように，人工的に合成された新元素の性質が，無機化学の新しい体系であるアクチノイド化学と，f元素の概念の確立を導いた．その後の新元素合成の試みは，周期表自体を拡大するとともに，その考え方の妥当性を検証した．アクチノイド元素のほとんどはカリフォルニア大学バークレー校のシーボーグと，その後継者のギオルソ（A. Ghiorso）の率いる米国グループにより達成された．その後の超アクチノイド元素の発見は，ヨーロッパ連合や旧ソ連のグループも主役となった．最近の新元素ニホニウムの人工的な合成は，その一翼を日本のグループが担うに至ったことを示すものである（1章参照）．

　マンハッタン計画の以前から，日本のグループは元素合成やその基礎となる核現象の研究に関して高い水準にあった．東北帝国大学の小川正孝によるニッポニウム説や，東京帝国大学の木村健二郎研究室と理化学研究所の仁科芳雄研究室によるウランの荷電粒子照射実験などは，新元素の発見や核分裂などの新規の核現象の発見に貢献したと思われる．

12・4　核兵器開発のなかで培われた新技術

12・4・1　ウラン濃縮とマンハッタン計画

　アクチノイド化学の発端となったプルトニウムの発見などは，科学史に残る重大な成果だったにもかかわらず，公表されることはなく，米国は1940年から本格的な原子爆弾の開発に入った．**マンハッタン計画**と名付けられた核エネルギーを利用した大量殺りく兵器の開発プロジェクトでは，^{235}Uの核分裂を利用したウラン爆弾と，Puの同位体の核分裂を利用したプルトニウム爆弾の2種類の核兵器が開発された*．

　ウラン爆弾では，^{235}Uの濃縮率をできるだけ高めることが開発の鍵となった．天然ウランでは同位体存在度は0.7％だが，これを50％以上にまで高める必要があった．これには，核分裂連鎖反応に関与しない主成分^{238}Uの量を抑えることによって爆弾全体の質量を減らし，運搬を容易にするねらいもあった．ウラン濃縮のような同位体分離や同位体濃縮には，化学反応速度などに関

　＊　核兵器の存在は決して許されるものではない．しかし，現代の原子力発電で使われている技術のルーツをたどると，ウラン濃縮を含めて核兵器開発に行き着くものも数多い．

する分子または原子の質量の効果を利用することが考えられた．この方法は，相互分離したい同位体の質量数の差が同位体の質量に対して小さいほど，効率が悪い．水素やヘリウムなどの軽元素の同位体分離に比べて，ウランの場合は分離したい同位体の質量数の差は3だが，原子量が大きいために難しい．最近では，遠心分離，ノズルからのガスの噴出，膜分離，電磁場の印加，赤外レーザーによる同位体の選択的励起など，さまざまな方法が知られている．ウランの同位体分離は現在でも高度な分離技術の一つである．

　いずれの同位体分離法でも，ウランを気体の状態とすることが必要である．鉱物中のウランは，通常は酸化物（U_3O_8 など）や2種類の金属からなる複酸化物の状態である．精製した酸化物は高沸点のため揮発しにくく，そのままでは同位体分離は不可能である．そこで，酸化物を高酸化状態のウランのハロゲン化物とすることが考えられた．揮発性の観点から UF_6 が選ばれたが，その揮発性は同位体濃縮後に原子炉でゆっくりと核分裂連鎖反応を継続したり，核兵器に装荷したりする際の取扱いを難しくしてしまう．そこで，同位体分離後の UF_6 を化学的安定性に優れている酸化物に戻して，その後のプロセスで利用する．

　現代の米国や日本で普及している軽水炉型の発電用原子炉では，^{235}U の同位体存在度を3％にすることが一般的である．濃縮度を上げることは高コストであり，軍事利用への転用の可能性をもまねくためである．

12・4・2　原子炉の開発と核燃料再処理

　1942年，シカゴ大学のフェルミ（E. Fermi）らによって開発された原子炉は，^{235}U の核分裂連鎖反応をゆっくりと連続的に起こす工夫がされている．核分裂の際には数個の中性子が発生するので，原子炉内では一定数の中性子が常に運動している状態にある．原子炉内には ^{235}U とともに ^{238}U も存在しているので，後者に中性子が衝突すると ^{239}U も生成する．そうすると，中性子捕獲で生成した ^{239}U が β^- 壊変を繰返すことによって，原子番号94のプルトニウムに到達する．

$$^{238}U + n \longrightarrow \,^{239}U \xrightarrow{\,e^-\,} \,^{239}Np \xrightarrow{\,e^-\,} \,^{239}Pu \qquad (12 \cdot 3)$$

ここでは反ニュートリノの放出は省略した（§1・3・1参照）．中性子は生成した ^{239}Pu にも捕獲されるので，さらに質量数の大きいプルトニウムの同位体

(^{240}Pu, ^{241}Pu, ^{242}Pu など）も生成する（図 12・3 参照）．こうして，原子炉内では，^{238}U の中性子捕獲によって，プルトニウム同位体が製造される．

　プルトニウム爆弾の開発では，原子炉内の核燃料（ウラン化合物）中に生成したプルトニウムをどのように単離するかが，原子炉とともに特に重要な技術的な問題だった．原子炉内で中性子にさらされたウラン化合物からは，さまざまな超ウラン元素と**核分裂生成物 FP** が生成する（§12・3 参照）．その中からプルトニウムおよびウランを単離するために**使用済み燃料の再処理**技術（13章参照）が開発された．プルトニウムの酸化状態を酸化還元反応で調整し，溶媒抽出などの放射化学分離の手法を駆使して，プルトニウム，ウラン，FP を相互分離するプロセスとして知られる **PUREX**（Plutonium Uranium Redox Extraction）**法**が代表的な例である．こうして，マンハッタン計画のなかで，現代の原子力発電で利用されているウラン濃縮，原子炉，再処理の主要技術の原型が開発された．化学はいずれの技術でも，根幹をなすサイエンスとして重要な役割を果たしてきた．

　現在の原子力発電では，発電目的に最適化された原子炉が使用されている．しかし，一定量のプルトニウムの生成は避けられない．これをどのように管理し，最終的な処分につなげるのか，あるいは発電などに再利用するかは，原子炉にかかわる安全技術の設計と開発のキーポイントの一つである（13章参照）．

12・5 ま と め

　放射能の発見，原子核モデル，原子構造論の確立に始まった 20 世紀前半の物理学，化学の発展は，核エネルギー利用の時代を導いた．軍事利用としての原子爆弾，平和利用としての原子力発電は，社会と科学技術の強い結びつきを示す．本章では，核エネルギー利用とそれを支える基礎化学の歩みについてまず触れた．つづいて，現代社会での核エネルギー利用の主要な形態である原子力発電についても，物質とのかかわり合いを中心に解説を加えた．

参 考 図 書 な ど

1) “放射化学”，G. Chopin, J.-O. Liljenzin, J. Redberg 著，柴田誠一 監訳，丸善（2005）．
2) “放射化学概論（第 4 版）”，富永 健，佐野博敏 著，東京大学出版会 (2018)．
3) “今知りたい放射線と放射能 — 人体への影響と環境でのふるまい”，薬袋佳孝，

谷田貝文雄 著，オーム社（2011）.

4) "キュリー夫妻：放射化学の創始者たち"，J. P. Adloff 著，藥袋佳孝 訳，化学と工業，**52**(8), 6-11 (1999).

5) "化学によるものづくりの軌跡"，藥袋佳孝 著，化学と工業，**56**(4), 5-9 (2003).

6) "時代を先駆けた女性，マリー・キュリー：ラジウム発見から 100 年"，吉原賢二 著，現代化学，**325**，40-45 (1998).

13

原子力発電のリスクマネージメント

13・1 はじめに

　12章では，放射性元素の発見の歴史，放射性元素や放射性同位体の生成の
しくみなど，放射化学および核化学の基礎を説明した．この章では，原子力発
電にかかわる化学のさまざまな側面を解説し，その安全性の考え方について述
べる．また，放射性廃棄物による被曝リスクをどのように管理して，最適化す
るかについても，化学の立場から説明する．

13・2 発電用の原子炉

13・2・1 原子炉のしくみ

　原子力発電は核エネルギーを電気エネルギーに転換する技術である．原子炉
はその中核を担う装置である．ウラン濃縮技術に基づいて製造された核燃料を
組入れ，その内部で起こる ^{235}U の核分裂連鎖反応を制御することによって，
熱エネルギーを継続的に得る．図13・1には，燃焼度（原子炉に装填されて
いる間に核燃料から発生する全熱量）を 30 000 MWd/tU（MW はメガワット，
d は日，tU はウラン1トン当たり）として，軽水炉用の核燃料中のウラン1
トンが，原子炉に設置された時点から使用済み燃料として除かれるまでに起こ
る原子核の変化を示した．原子炉は濃縮ウランをエネルギー源に利用して，発
電に利用する熱エネルギーを生産する．しかし，それと引替えに，核分裂で生
成した多種類の放射性核種および ^{238}U の中性子捕獲で新たに生成した超ウラ
ン元素を含む使用済み核燃料という廃棄物が生成してしまう．その処理法につ
いては，のちほど詳しく説明する．

　代表的な発電用原子炉としては，米国で開発された**沸騰水型軽水炉 BWR**
（Boiling Water Reactor）および**加圧水型軽水炉 PWR**（Pressurized Water

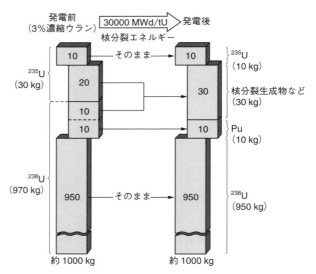

図 13・1　**発電用原子炉（軽水炉）でのウラン燃料の核**
変換［出典：原子力の燃料サイクル，鈴木篤之，化学工学，**49**
(5)，371 (1985).］

（a）沸騰水型軽水炉（BWR）

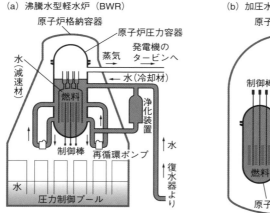

（b）加圧水型軽水炉（PWR）

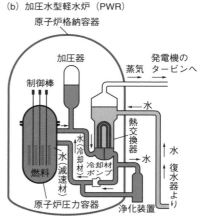

図 13・2　**発電用原子炉の構造の模式図**（参考図書9，p.66，図2-2を改変）.
　（a）BWR の冷却水系は 1 系統で，原子炉建屋およびタービン建屋にまたがって
　　いる．灰色は冷却水系の中で水の状態が液体の箇所を示す．
　（b）PWR の冷却水系は 2 系統で，原子炉内を循環する一次冷却水系と原子炉建
　　屋およびタービン建屋にまたがる二次冷却水系がある．灰色は冷却水系の
　　中で水の状態が液体の箇所を示す．

Reactor）がある（図 13・2）．わが国の場合，東日本では BWR，西日本では
PWR が主力である．軽水炉では核燃料が水中に設置される．重水（D_2O）を
用いるタイプの原子炉に対して，軽水（H_2O）を用いるので**軽水炉**とよばれる．
いずれのタイプの原子炉でも，^{235}U の核分裂連鎖反応を持続的に安全に進行さ
せる必要がある．そのために，原子炉は燃料棒，減速材，制御棒，冷却材など
で構成されている．

a. 燃料棒　　核燃料であるウランを含む燃料棒は，管状のジルコニウム合
金の内部にペレット状の二酸化ウラン（濃縮ウランから製造）を積み重ねた構
造である．濃縮ウランの一定量が密集すると，この内部で核分裂連鎖反応が起
こる．この状態を**臨界**という．核分裂連鎖反応の爆発的進行を避けるために，
燃料棒は間隔を空けて原子炉内に配置される．単独の燃料棒では臨界に必要な
ウランの量（臨界量）を超えることはないが，全部の燃料棒では臨界量を超え
るように設計されている．原子炉の運転では，この状態で核分裂連鎖反応を制
御することが必要となる．

b. 減速材　　核分裂後に放出される中性子の速度を下げる役割を果たす
ものを減速材という．^{235}U の核分裂で発生する中性子は**高速中性子**とよばれ
る．核分裂連鎖反応では，発生した中性子が ^{235}U の原子核の核分裂を誘発す
る必要がある．しかし，核分裂で発生した高速中性子による核分裂の発生断面
積は低く，連鎖反応が継続する確率は必ずしも高くない．一方，低速中性子（た
とえば，熱平衡状態にある中性子の平均エネルギーは約 0.025 eV）では，^{235}U
の核分裂を誘導する確率は上昇し，核分裂反応は連鎖的に進行する．したがっ
て，核分裂連鎖反応の継続のためには，核分裂で発生する高速中性子の減速材
が必要である．そのためには，中性子と減速材を構成する元素の原子核との弾
性衝突によるエネルギー移動が利用される．中性子とほぼ同じ質量である水素
の原子核は，高速中性子を効率よく減速する．水素の安定な化合物である水は，
水素の原子核による中性子散乱を利用した優れた減速材である．BWR や PWR
のような軽水炉では，同位体濃縮などの処理を加えない一般の水が用いられる．
水は反射した中性子を内部の燃料棒に戻し，連鎖反応の進行を助ける役割を果
たす．このような素材は**反射材**とよばれる．

c. 制御棒　　原子炉の炉心で起こる核分裂の数を制御するものを制御棒と
いう．原子炉を安定に運転するためには，連鎖反応の確率を上昇させる減速材
と，逆に，確率を減少させる制御棒を燃料棒間に配置して，その位置関係を変

えて連鎖反応の確率を制御する．核分裂連鎖反応の確率を減少させるために
は，中性子を吸収する性質（中性子捕獲能あるいは中性子吸収能）をもつ原子
核を利用する．カドミウムやホウ素の同位体には中性子捕獲断面積（中性子捕
獲能の指標）が著しく高いものが知られており，これらの元素を含む物質を棒
状の容器に封入して制御棒をつくる．燃料集合体内で制御棒を抜き差しするこ
とによって，燃料集合体内の中性子密度が変わるので，核分裂連鎖反応の確率
を制御できる．

　　d. 冷却材　　燃料棒内の核燃料は核分裂連鎖反応によって，継続的にエ
ネルギーを発生し，最終的には熱となる．原子炉からこの熱を取出す役割を果
たす流体のことを冷却材といい，水が用いられる．原子炉では，燃料棒に接触
した水は高温となり，BWRでは沸騰して水蒸気が発生する．一方，PWRでは
二次冷却水を熱して，同様に水蒸気が発生する．発生した水蒸気は，火力発電
と同じメカニズムで，タービンの回転に利用されて発電機を駆動し，大量の電
気エネルギーを供給するシステムの一部として機能する．

13・2・2　天然原子炉（オクロ現象）

　軽水炉では，減速材および反射材の役割を果たす水の中に，密封した濃縮ウ
ランを燃料棒に分散して配置する．このような配置によって，核分裂連鎖反応
が継続して起こる臨界の状態を保持している．核燃料として使われる濃縮ウラ
ンは天然には存在しないので，自然界ではこのような現象は起こりえない．し
かし，これは現代の話である．天然ウランの主な同位体である ^{235}U と ^{238}U の
半減期（^{235}U で 7.13 億年，^{238}U で 45.1 億年）に着目すると，^{235}U の同位体存
在度は現在の 0.7％に対して，十数億年前は 3％に近くなり，軽水炉用で使わ
れる濃縮ウランに匹敵する．すなわち，当時のウラン鉱石は現在の核燃料とし
ての濃縮ウランの化合物と臨界量は同等と考えることができる．ウラン鉱石が
臨界に近い状態で地層中に分散して鉱脈を形成している場合には，そこに雨水
や地下水が浸入すると，現代の軽水炉と同様に，水が減速材および反射材とし
ての役割を果たして，ウラン鉱脈自体を臨界に導く可能性がある．

　以上のような自然環境で起こる核分裂連鎖反応の発生の予測は，米国アーカ
ンソー大学の黒田和夫によって，天然原子炉説として 1950 年代に発表された．
黒田の理論は，1970 年代に入って中部アフリカ，ガボン共和国のオクロ鉱山
から採掘されたウラン鉱石のウラン同位体の存在度の異常から立証された．

^{235}U の同位体存在度が異常に低い鉱石が特定の鉱脈から見いだされたのである．この結果は核分裂連鎖反応が起こったために ^{235}U が失われたことを示す．その後，^{235}U の核分裂で生成したさまざまな元素の安定同位体について同位体存在度が調べられた．その結果，多くの同位体の存在度に異常が報告された．放射性の核分裂生成核種自体は，中性子余剰のために β^{-} 壊変を繰返して，より原子番号の大きい同重体*に転換する．そして，安定核の領域に到達し，その安定核の量は核分裂後の時間の経過に伴う核分裂生成核の放射壊変に応じて増加する．核分裂の直後に生成した放射性核種（たとえば ^{137}Cs）自体は放射壊変で消失したとしても，壊変で生成した安定核の量には，過去の自然界での核分裂の痕跡が反映されている．天然原子炉説はオクロ鉱山の鉱石のデータから立証されたので，天然での核分裂連鎖反応の発生は**オクロ現象**とよばれる．

　見方を変えると，天然原子炉の痕跡になっているウラン鉱脈には，**核分裂生成物 FP** のほかに，^{238}U の中性子捕獲に起因する長半減期のアクチノイド元素の同位体も封じ込められている．使用済み核燃料中に生成した放射性核種を安定な地層に埋設して処分する地層処分（§13・5 参照）で，FP やアクチノイド元素についても同様の状態が想定される．地層中に埋設されて固定化された放射性廃棄物については，地下水などの移動相の流入が地層に封じ込められた放射性核種の移動にどのように影響するかが，安全性を考えるうえでのキーポイントとされてきた．特に，自然界で起こりうるきわめて緩慢な化学反応としての鉱物の風化や変質などの影響を理解するためには，自然界でのデータの取得が重要である．かつて，天然原子炉として機能した痕跡のある鉱山は，原子力発電の放射性廃棄物が地層処分後に変化して移動するかを推定するための格好の研究対象になる．ナチュラルアナログ（自然界に存在する模擬物）として，天然原子炉の研究は新たな注目を集めている．

13・3　放射性廃棄物の量

　原子力発電で利用される核分裂などの核変換では，化学反応と比較すると，わずかな物質量のエネルギー資源から大量のエネルギーが得られる．たとえば，原子力発電所で 100 万 kW の出力に必要な 1 年当たりのウラン燃料は約

---

　*　同重体とは，質量数が等しく，陽子や中性子の数が異なる核種のこと．たとえば，^{14}C と ^{14}N は同重体である．

20 t といわれる．これに対して，石油火力発電所で同じ出力を得るためには約150万 t の石油が必要とされる．このように，一定量のエネルギーを得るために必要な燃料の重量そのものを比較すると，火力発電に比べて，原子力発電の方がはるかに少ない．

また，使用済み核燃料をエネルギー産業で発生した産業廃棄物と考えると，際立った特徴に気がつく（図13・1参照）．まず，全体としての重量はエネルギー生産の前後で変化していない（厳密には，核変換に伴う質量欠損や核燃料中での元素の生成に伴う化学反応などで，重量はわずかながら変化する）．これに対して，火力発電で利用されている石炭や石油などの燃焼反応では，燃焼後には燃焼前の燃料の重量に，助燃に利用された酸素の重量が加わる．たとえば，石炭や石油の主成分である炭素の完全燃焼による二酸化炭素の発生では，重量は元の4倍弱（＝44/12）となる．こうした特徴から，原子力発電は，火力発電に対して処分すべき廃棄物の物質量が小さい方法と位置づけられてきた．

放射性廃棄物の重量や体積はわずかだが，ヒトへの放射線の被曝など，原子力発電に特有なリスクについては，十分な注意を払って廃棄物の処理処分にあたる必要がある．実際の原子力発電所や核燃料の製造と再処理にかかわるプラントでは，放射性物質がわずかに付着した部品や布のような低リスクの廃棄物も大量に発生する．廃棄物のもつリスクの高低に着目して，それに対応した処理処分の方法が構想されている．

13・4　放射性廃棄物の処理

13・4・1　拡　散・希　釈

一般の廃棄物の処分では，低リスクで環境に拡散しやすい物質を大気環境や水質環境に放出して，**拡散による希釈**で廃棄物によるリスクを低減できる場合がある．燃焼で発生する二酸化炭素もその一例といえる．原子力発電所で生成した放射性廃棄物では，クリプトン Kr やキセノン Xe などの貴ガスの放射性同位体が代表的だが，濃度がある基準以下ならば，大気への放出が認められている．^{235}U の核分裂では質量数90前後と140前後の原子核が非対称核分裂により生成する（1・12式参照）．これらの質量数は Kr および Xe の同位体の質量数に近く，β壊変を繰返して，やがて貴ガス（Kr および Xe）となる．これらの貴ガスは原子力発電所で生成する放射性核種としては生成量が最大の部類

である．しかし，貴ガスが人体に取込まれたとしても，呼吸で周辺の大気と交換するので，体内に長期間にわたってとどまらない．このため，貴ガスの大気への放出については，比較的に高い許容濃度が設定されている．大気圏に放出後も，拡散に伴って濃度自体は減少するので，人体へのリスクはさらに低下する．

13・4・2　隔離・固定化

　人体に高いリスクが想定される場合には，廃棄物処分の方法は拡散・希釈から**隔離・固定化**になる．たとえば，高リスクの産業廃棄物である水銀系の廃棄物は，回収されて水銀鉱山跡の内部に封じ込められてきた．人間の居住する環境から隔離して，密封された場所に固定化することによって，人体へのリスクを最小限にしている．この場合，地層中に埋設されるのが一般的である（§13・5参照）．しかし，地下水の浸透などで水が接触すると，一部の成分が地下水に溶け出すために，思いがけない範囲にわたって拡散，移動する可能性がある．このような可能性を最小限にするためには，水が浸入しないような安定した地層を処分の場とすることが望ましい．しかし，こうした条件を満たす場所は限られているうえに，処分場建設のための費用も地上での処分以上の規模となることから，大量の廃棄物の処理処分には不向きである．

　放射性廃棄物に含まれている放射性同位体の種類によって，放射線の半減期，種類（線質），エネルギーは異なる．いずれも放射性廃棄物のリスク評価や処分方法の選択に大きく影響する．そこで，廃棄物をリスクに応じて分類してから地層中に廃棄処分することが検討されてきた．たとえば，短半減期の放射性核種がリスクになる場合には，放射能の減衰を待つことで不要な被曝リスクを防ぐことができる．しかし，長半減期の放射性核種の場合には，リスクは時間が経過してもほとんど変化しない．このため，長期間のリスクに対する安全性を担保できるような工夫が必要となる．

　また，放射線のなかで，α線はβ線やγ線に比べて飛程が短いので*，同じエネルギーならば，照射された物質に単位長さ当たりで，より多くのエネルギーを与える．すなわち，**線エネルギー付与 LET**（Linear Energy Transfer）

＊　α線はヘリウムの原子核からなる粒子線，β線は電子からなる粒子線，γ線は波長の短い電磁波．高エネルギーの粒子線や電磁波を放射線という．電磁波は透過性が高く，粒子線は粒子が大きいと衝突確率が大きく飛程が短い．

が大きい．α線は，β線やγ線以上に被曝した組織に大きなダメージを与える．ただし，人体の外部に放射線源がある外部被曝の場合には，α線は数cm程度の空気で遮蔽されるので，必ずしも大きなリスクとはならない．問題は，人体に放射性同位体が取込まれた内部被曝のケースである．特に，元素によっては特定の臓器に濃縮されることがあるので，その臓器の被曝リスクを予想以上に上昇させる可能性がある．たとえば，プルトニウムはα線放出核種が多く，肺や骨に濃縮する元素である．このため，これらの臓器への発がんリスクとなる．このような理由から，α線放出核種を含む放射性廃棄物の処分については，リスク管理（**リスクマネージメント**）に特に注意を払う必要がある．また，α線放出核種ではないが，放射性ヨウ素は臓器濃縮により甲状腺がんの発生リスクとされている．

　以上のように，リスクの原因となる放射性核種によって，リスクマネージメントを取巻く状況は異なる．原子力発電所からの使用済み核燃料の放射性核種は，^{235}U の核分裂による FP と ^{238}U の中性子捕獲によるアクチノイド元素に大別される（図13・1，12章の図12・4を参照）．前者はおもにβ線を放出する核種であるが，後者はα線を放出する核種を数多く含む．また，前者は半減期の比較的短いものが多いが（たとえば，^{137}Cs で約30年），後者には ^{237}Np などの半減期が数百万年に及ぶような長半減期の核種が含まれる．使用済み核燃料

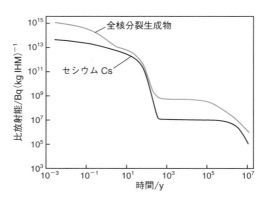

図 13・3　**PWR 用核燃料 1 kg 当たり 33 MWd の発電電力量を得た際の使用済核燃料 1 kg IHM 当たりの核分裂生成物の放射能．**各核分裂生成物の比放射能の総和（全核分裂生成物）とセシウムについての比放射能を示す．IHM（initially present heavy metal）は最初（使用済直後）に存在する重金属を指す．［参考図書 1 の p.658，図 21.7 を改変］

に含まれる放射性核種の以上の特徴から，再処理による放射性核種のグループ分離でFPとアクチノイド元素を分離することも，地層処分の前段階として検討されている．

　使用済み核燃料が原子炉から取出された後，核分裂生成物（FP）による放射能がどのように減衰するかを図13・3に示す．取出し直後はおもに短寿命放射性核種による放射能のため発熱するので，水によって冷却する必要がある．10年を経ると，発熱量の指標となる全放射能の値はおよそ2桁減少する．すなわち，数年を経てから再処理に供することによって，不要の被曝リスクや発熱による飛散リスクを避けることができる．

　PUREX法（§12・4・2参照）による再処理では，放射性核種をU, Pu, FPなどの画分に分離，回収する．回収されたPuはウラン燃料に加えてMOX燃料（混合酸化物燃料）とよばれる核燃料として，軽水炉で利用できる．また，^{235}Uが核分裂により消失して劣化ウランとなった回収ウランは，同位体濃縮前の核燃料製造工程に導入することによって，再び核燃料としてリサイクル利用が可能である．特に用途が想定されていない画分は処分の対象となる．核燃料リサイクルに利用できるUおよびPuは，ウラン資源の状況などの社会的事由から，国によってはリサイクルを選択しない．その場合には，使用済み核燃料の再処理の意味が失われるため，再処理を行わないで，じかに処分することも想定される（**ワンススルー方式**）．このように，再処理とその後の処分は，ウラン資源の供給，再処理技術の開発，処分法の開発，核燃料リサイクルのシステム設計など，さまざまな要因が関与している．しかも，原子力発電の社会におけるエネルギー供給源としての位置づけでは，経済，社会，政策にかかわる部分も関係する（14章参照）．以下では再処理と処分に関する技術，特に化学に関する部分についての基礎的な説明に止める．

13・5　高レベル放射性廃棄物の地層処分

13・5・1　さまざまな処分法

　使用済み核燃料の再処理を経て得られた放射性廃棄物は，その放射線リスクや成分に応じて，危険性の高い順に，高レベル放射性廃棄物，低レベル放射性廃棄物，ウラン廃棄物などに分類される．**高レベル放射性廃棄物**のリスクは，おもにアクチノイド元素による．特に，長半減期のα線放出核種が放射線リ

スクのおもな要因である．これに対して，低レベル放射性廃棄物は放射能が低く，構成成分もおもに核分裂生成物である．**ウラン廃棄物**は原子炉に至るまでの核燃料の製造プロセスでも発生しており，ウラン鉱石と同程度の放射線リスクである．それぞれの画分でリスクが全く異なることから，廃棄物処分の方法もそれぞれの画分のリスクに応じて最適化される．

　一方，再処理をせず，そのまま冷却保管して最終的に廃棄物として処分するワンススルー方式では，放射性廃棄物は分別されない．また，適用される再処理の方法によっては，回収可能なプルトニウムも生成した全量が含まれる．このため，再処理により分別した場合に最もリスクが高いとされる高レベル放射性廃棄物の処分に準じた方式で，廃棄物を処分する必要がある．また，再処理でプルトニウムを回収できたとしても，プルトニウム利用技術の動向によっては，高レベル放射性廃棄物として扱う可能性も残る．このように，放射性廃棄物の処理処分にはさまざまな可能性がある．こうした不確定要因はあるものの，高レベル放射性廃棄物のリスクに対応した処分法として構想されてきたのが**地層処分**である．

13・5・2　人工バリア

　地層処分の前段階はガラス固化体による放射性核種の封じ込めで始まる．廃棄物をガラス原料（Na, K, Ca, B, Si などの化合物，おもに酸化物）や溶融ガラスとともに加熱すると，放射性核種をガラス中に封じ込めた**ガラス固化体**が得

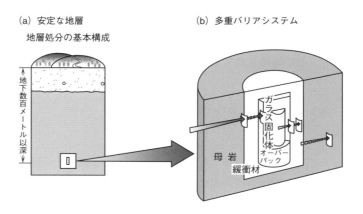

図 13・4　**高レベル放射性廃棄物の地層処分**［参考図書 3，p.155，図 9・4 より転載］

られる．キャニスターとよばれるステンレス鋼製の容器内にガラス固化体を密
封した後，オーバーパックとよばれる炭素鋼やチタン製の金属容器に納め，粘土
鉱物などの吸着剤（緩衝材）中に埋めた後，安定な地層（地下数百メートル）
に埋設する．緩衝材および母岩は放射性核種の移動を遅延させる．この段階で
放射性廃棄物はガラスとなっており，ステンレス鋼，炭素鋼（またはチタン），
粘土鉱物，コンクリート材（埋設サイトは全体としては地下に造られたコンク
リート製の構造物となっている）などに覆われている（図13・4）．耐食性，吸
着能，耐久性に優れたこれらの素材で幾重にもガラス固化体を覆うことによっ
て，地下水への放射性核種の移行を大幅に遅延させることができる．ガラス固
化体自体も含めて，これらの素材は放射性核種の地上環境への移行に対して，
いわばバリア（障壁）の役割を演じる．このような人工的に構成された多重構
造のバリアシステムを人工バリアという．

13・5・3　地層の天然バリア

　地層処分の場所を地下深部（地下数百メートル）に設けることも，放射性廃
棄物のリスクを下げるのに有効とされている．地下水の流入などによって，放
射性廃棄物中の放射性核種が地上に至るまでの時間をひき延ばすことができ
る．安定な地層を選べば，地下水の流入をまねく亀裂発生の確率を下げること
も可能である．また，地下水に溶け込んだ放射性核種は地層中の岩石により吸
着されるので，処分場周辺の地層を構成する岩石自体も安全性に関係する．こ
のような処分環境に依存した要因も，放射性核種の移動の可能性を左右する．
つまり，地層という自然環境を利用して，放射性核種の移動を妨げる，あるい
は，遅延させるバリアシステムともとらえることができる．これを**天然バリア**
とよび，人工バリアとともに多重バリアシステムを形成する（図13・4参照）．
　人工バリアは少なくとも数千年は機能するとされる．そして，それ以上の期
間にわたる放射性核種の拡散リスクに対しては，天然バリアの機能に委ねられ
る．アクチノイド元素などの長半減期の核種の減衰には長期間を要する．埋設
された廃棄物の放射能濃度が，自然界に存在するウラン鉱床の放射能濃度と同
程度となるまでには，およそ数十万年を要する．このように，少なくとも数十
万年に至る将来については，地層処分の放射線リスクマネージメントは天然バ
リアの機能に依存する．

13·5·4　地層の吸着効果

　天然バリアとしての地層の機能は，地層中の鉱物と地下水間の放射性核種の分配に基づいて発現する．地下水が移動する際に，地下水中の溶存成分が地層中の鉱物に強く吸着されて，溶存成分の移動が遅延する現象を利用している．これは，アルミナゲルなどの吸着剤をガラス管に詰めて，そこに分離したい溶存成分を含む溶媒を流す吸着クロマトグラフィーの手法と原理が同じである．地層処分の場合は，吸着剤が鉱物に，溶存成分が処分対象の放射性核種に，溶媒が地下水に相当する．地下水が埋設された放射性廃棄物に至って，放射性核種が溶出したとしても，周辺の地層中の鉱物による吸着で放射性核種の移動は遅延する．地上環境にまで到達する時間が放射性核種の半減期に対して十分に長くなれば，放射性核種が地下水中に流出したとしても，地上環境には影響しない．しかし，対象とする放射性核種，その化学形態，鉱物，液性（pH，酸化還元電位，粘度，温度など），溶存物質などのさまざまな要因が，地層中の鉱物と地下水間の放射性核種の吸着分配に関与する．地層処分の長期間にわたる機能を評価するためには，埋設環境を想定した放射性核種の鉱物への吸着の模擬実験，地下水中での放射性核種の溶存状態の推定のための溶液化学データの取得，ナチュラルアナログ研究などの自然界で過去に起こった長期的変化に関する類似現象のデータの活用など，化学の立場からのさまざまなリスク評価にかかわる研究が必要である．

13·5·5　地層処分への期待

　地層の安定性などの地質学に関するデータもふまえて，**地層処分**は，現在のテクノロジーのなかでは使用済み核燃料の処分方法として，最も現実的で有効な方法とされている．海洋投棄や地球外への廃棄の可能性，核反応を利用して長半減期の放射性核種をより短半減期の核種に転換する消滅処理なども検討されたが，安全で実行可能な技術の段階までには到達していない．

　欧米やわが国では，原子力発電の開始から半世紀以上が経過している．ほとんどの国々では使用済み核燃料を地上で管理してきたが，これは環境リスクとなる．地震，津波，噴火などの自然災害や，テロなどの人間の行動によって発生しうるリスクを考えると，深部地層への埋設による隔離・固定化はより安全なリスク管理状況を提供する．このため，わが国も含めて，2030 年代には地層処分を実施することが計画されている．高レベル放射性廃棄物は産業廃棄物

のなかで最も環境リスクが高い. しかし, 高放射能で高リスクではあるが, その重量や容積は元のウラン燃料の 1/10 程度に限られている. このような廃棄物の特徴をふまえた地層処分のプランが設計されている.

13・6　低レベル放射性廃棄物およびウラン廃棄物の処分

再処理を実施した場合には, アクチノイド元素以外の放射性核種の大部分は低レベル放射性廃棄物の画分で取扱われる. たとえば, 再処理後の FP 画分は半減期の短い核種を多く含むので, 100 年後には元の放射能の 1/1000 から 1/10000 となる (図 13・3). また, 内部被曝のリスクが重大な α 線放出核種や軍事転用の可能性のあるプルトニウムは含まれない. このように, 高レベル放射性廃棄物に比べて, 想定される放射線リスクが著しく低い場合には, 低レベル放射性廃棄物として地下 10 m 程度の浅い地層中に埋設することが検討されている. ただし, テクネチウム Tc などの長半減期の核種も含まれているので, それらの核種によるリスクを低減するための措置として, 選択的な単離法や, 半減期や化学的性質に応じたグループに分離する群分離法などの適用も検討されている.

ウラン化合物を主成分とするウラン廃棄物の放射能は, 天然ウランと同程度なので, 放射線リスクの軽減のために特別な措置は求められていない. しかし, 核燃料の製造にかかわるウラン濃縮工場などの核燃料サイクルフロントエンド (採掘から核燃料に仕上げるまで) の工場設備などで, 核燃料サイクルの全工程でウラン廃棄物は発生する. また, ウランの管理では, 放射線リスクの軽減とともに, 核拡散防止の観点からウランの計量管理が重要である. このため, ウラン廃棄物は他の核種を含む廃棄物とは別に管理され, 保管されている. 地上での保管を継続したとしても, 高レベル廃棄物や低レベル廃棄物について発生するような放射線被曝リスクを被る可能性はない.

13・7　まとめに代えて —— 福島第一原子力発電所事故

わが国では, 2011 年春の福島第一原子力発電所 (FDNPP) 事故を契機に, 原子力発電所は一時期すべて稼働を停止し, 新たな基準に基づいてのリスク評価と対策が講じられてきた. 事故の直接の原因は冷却水喪失による過熱に伴う

原子炉炉心のメルトダウンであることはよく知られている．また，世界で最も普及している発電用軽水炉としては過去最大規模の事故であった．そこで本章では，原子炉での水の役割を中心に，原子力発電とそれを支える化学について述べてきた．水は軽水炉の原理に直接関係した性質をもつ物質であること，そして，水は原子力発電所から発生する放射性廃棄物の環境リスク評価やそのマネージメントを考えるうえでも重要な物質であることを説明してきた．

　しかし，水と原子力発電所事故のかかわりはさらに多岐にわたる．たとえば，メルトダウンに至るプロセスでは，燃料棒を覆うジルコニウム合金と水との反応が関与している．また，大気中に放出された放射性セシウムの降雨による降下，発電所への地下水の流入と放射性核種の分布との関係，湖沼や河川などの水環境での放射性セシウムの挙動など，原子力発電所事故に伴う環境リスクマネージメントには常に水が関係している．現代技術の粋である原子力発電システムでも，自然の恵みである水に多くを依存している．

　われわれは原子力発電所事故を経たが，エネルギーの必要性は変わらない．より安全な核エネルギーシステムを求めて，新型高温ガス炉，小型モジュール炉，トリウム炉，核融合炉など，原子核技術への挑戦は続く．物質研究に原子核の概念が導入されてからおよそ100年が経過したが，核の科学と技術はようやく成熟と着実な発展の時期に入ってきたようである．

参考図書など

1）“放射化学”，G. R. Chopin, J.-O. Liljenzin, J. Redberg 著，柴田誠一 監訳，丸善（2005）．
2）“放射化学概論（第 4 版）”，富永　健，佐野博敏 著，東京大学出版会（2018）．
3）“今知りたい放射線と放射能 ― 人体への影響と環境でのふるまい”，薬袋佳孝，谷田貝文雄 著，オーム社（2011）．
4）“天然原子炉”，藤井　勲 著，東京大学出版会（1985）．
5）“放射性廃棄物と地質科学 ― 地層処分の現状と課題”，島崎英彦，新藤静夫，吉田鎮男 編著，東京大学出版会（1996）．
6）“分析化学からみたフクシマの放射能汚染の今後”，薬袋佳孝 著，現代化学，**490**，39-42（2012）．
7）薬袋佳孝，化学と工業，**65**(9), 696-7（2012）．
8）薬袋佳孝，アイソトープニュース，**755**, 48-52（2018）．
9）“プルトニウム”，友清裕昭 著，講談社（1995）．

14

エネルギーの未来像と化学技術

14・1　はじめに

　本書では宇宙や地球の誕生（1章），光合成（4章），持続可能化学（10章），バイオマス（11章），原子力（12，13章）など，エネルギーにかかわるトピックスを取上げてきた．エネルギーはさまざまな形態に宿り，われわれ人類をはじめとするあらゆる生命の誕生や営みの根幹をなす．

　文明の基盤として，国家の基盤として，どのようなエネルギーをどう使うかは非常に重要な問題であり，少なくとも産業革命以降の文明の盛衰を左右してきたことに間違いはない．化学とのかかわりも深く，エネルギー問題と無関係な化学工業技術はほぼ存在しないし，ほとんどのエネルギー技術は化学技術であるといえる．最終章では，日本のエネルギー政策の策定に関する現状と課題を化学技術の観点から俯瞰的に説明する．

14・2　日本のエネルギー政策で考慮すべき要件

　国家のエネルギー政策を決めるにあたって，考慮すべき要素は多く存在するが，第一にあげなければならないことは供給の安定性である．現代社会において安定的なエネルギー供給は社会の血液であり，電力・ガス・輸送用燃料の供給が止まれば社会生活は成り立たない．しかし，供給の安定性を上げるためには当然コスト＊が必要である．したがって，どのレベルの供給安定性を確保するかは重要な課題だが，あまり定量的な議論は行われていないのが実情である．大地震や戦争など，日常生活からかけ離れた異常事態を想定することは難しいが，2011年の東日本大震災の経験に心理的に引きずられた対策を行うこ

　＊　"費用"は直接的金銭的費用に限定された概念であるが，"コスト"は電力コストのように直接的な金銭的費用に限定されない広い概念である．

とが望ましくないことはいうまでもない.

　エネルギーと世界の安全保障体制との関連も考量すべき必須の項目である. これは広義の供給安定性に含まれる要素であるといえる. エネルギーは世界の軍事・政治バランスを決める戦略物資であり, 戦争の可能性も含めた安全保障を考慮することは当然である.

　まず, 重要な要件であるコストについて考える必要がある. 特に電力コストを論じる場合, 一般の製品と異なり, コスト試算の前提によって, 全く異なる結果になることに注意する必要がある. コスト試算に関連する問題については独立の節 (§14・5) を設けて詳述する.

　環境問題は今やエネルギー問題を論じる場合の主要な論点である. "将来, 現代文明の存続に大きな危険性を及ぼす可能性のある問題に, どれだけのコストをかけるか" という問題については簡単に答えが出ることはない. そこで, 本章ではいわゆる再生可能エネルギーやエコカーの冷静な技術的評価を行うにとどめる. 結論からいえば, 再生可能エネルギーについていわれていることの多くは, 幻想の域を超えていないと評しても過言ではなく, 本気で温暖化ガス排出削減を行うなら, 相当なコストをかける覚悟が必要だといえるだろう.

14・3　化石燃料とシェール革命

　世界の一次エネルギー消費量 (図 14・1) を見ると, 化石燃料 (石油・天然ガス, 石炭) と原子力を合わせた割合は, 依然として 88.6 % (2019 年) であり, いわゆる再生可能エネルギーは 5.0 % にすぎない. したがって, 化石燃料資源は今後ともエネルギー問題の主軸であることに疑いの余地はない. 一昔前, 火力発電燃料は石油というイメージが強く, 今でもそのイメージは残っている. しかし, 現在ではその燃料のほとんどは石炭, 天然ガスであり, 石油のほとんどは輸送用および石油化学原料用として使われている. この燃料シフトの最大の原因は原油価格の (相対的) 高騰にあることは間違いないが, 改良型ガスタービンコンバインドサイクル発電 **AGCC** (Advanced Gas Turbine Combined Cycle) の発電効率向上と環境規制の強化によって, 天然ガスの優位が拡大したことも大きな要因である. もちろん, 中国, インドなどの非 OECD 諸国では石炭発電が主力であることはいうまでもない.

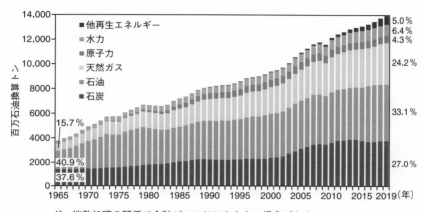

注: 端数処理の関係で合計が 100 ％にならない場合がある.
出典: BP「Statistical review of world energy 2020」を基に作成

図 14・1　世界のエネルギー消費量の推移（エネルギー源別，一次エネルギー）
［“エネルギー白書 2021”，図【第 221-1-3】］

　シェール革命*を抜きにして，世界のエネルギー問題は語れない．しかし，化石燃料の世界に限っても，シェール革命と同レベルで論じる必要のあるいくつかの重要な変化が最近 10 年で起こっている．一つ目は火力発電燃料・産業用燃料の石油から石炭・天然ガスへのシフトの着実な進行であり，二つ目は自動車の燃費の画期的な改善である．火力発電燃料の天然ガスシフトと自動車燃費の向上により，経済成長率からの単純な予測よりも石油需要量が低く抑えられる見通しになったところに，シェール革命が起こった．原油価格は 2018 年夏の瞬間的な史上最高値である 1 バレル約 150 ドルから大きく下げた後，長らく低迷し，世界の石油価格の指標である WTI 原油先物価格が瞬間的にマイナスになるという珍事も起こるほどだった（図 14・2）．しかし，2021 年半ばに急騰し，1 バレル 60〜80 ドルを付けている（図 14・2）．2022 年 3 月からは 1 バレル 100 ドル前後で推移している．

　現在シェールオイル生産のほとんどすべては米国で行われており，図 14・3 に米国の生産量の推移を示す．シェールオイルの生産量は世界の原油産出量の

---

*　**シェール革命**とは，頁岩（シェール）層にある石油（シェールオイル）や天然ガス（シェールガス）が抽出できるようになり，世界のエネルギー事情が大きく変わったことをさす．米国ではシェール層がほぼ国土全域に広がり，石油・天然ガスの埋蔵量は 100 年分以上と試算されている．

2019 年度で約 8 ％程度である．この量は需要量の（短期の）価格弾力性が極端に低い原油の価格を暴落させるに十分な量であるが，過去の例から見ると 5 年ほどでその需給ギャップが埋まる程度の量である．また，生産がパーミアン

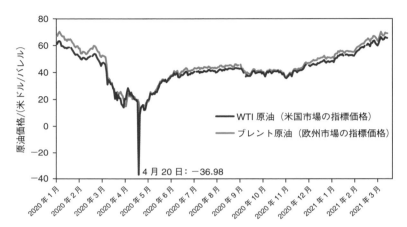

注 1: 日次データ．　注 2: グラフの中の数字は WTI．　注 3: 2020 年 4 月のマイナス価格は，売主がお金を支払い，買主はお金を受取ることを意味する．
出典: EIA「Petroleum & Other liquids spot prices」

図 14・2　**国際原油価格の推移**．2020 年以降［"エネルギー白書 2021"，図【第 222-1-12】］原油価格の指標値としては，WTI，北海ブレント，ドバイなどがあり，おのおの原油性状・取引条件も少し異なり，ときには異なる値動きを示す場合もあるが，概ね同じように動いている．

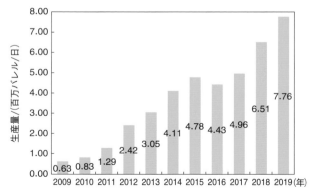

図 14・3　**米国のシェールオイルの生産量**［"エネルギー白書 2021"，図【第 222-1-5】］

（Permian）地区に偏在していることにも注意する必要がある（図 14・4）.
2022 年 4 月米国のシェールオイル生産量は 870 万バレル/日で，2020 年 3 月以
来の高水準になる見込みである．原油価格の高止まりはシェルーオイルの増産
要因であるが，一方，金融引き締めや環境規制の強化といった減産要因もあり，
今後の推移は予測しがたい.

　原油価格を左右するおもな要因は以下のとおりである.

1) エンジン効率の向上，ハイブリッド車（HV），電気自動車（EV）の普及
   などによって輸送用燃料の需要が減少するのか，あるいはその効果は限
   定的なのかは現時点では判断できない.

2) シェールガスの生産コストは，技術の向上やブームによる採掘コストバ
   ブルがはじけ低下傾向にある．一方で，現在の採掘はパーミアンを中心
   とする採掘コストが安い優良鉱区に集中しており，近未来に優良鉱区が
   枯渇すればコストが上がる（2022 年初頭で新規投資可能な原油価格は 60
   ドル/バレルといわれている）.

3) 2021 年初めまでの値下がりの大きな要因は，従来供給側で価格のコント
   ロール機能を果たしてきたサウジアラビアが，王政の安定性に若干の疑

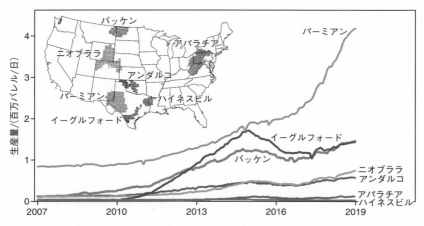

DOE/EIA（https://www.eia.gov/petroleum/drilling/#tabsy-summary-2）を基に作成

図 14・4　シェールオイルの生産地および各生産量［"世界最大の産油国・産ガ
ス国となった米国のエネルギー政策の動向とその行方"，石油天然ガス・金属鉱
物資源機構 樋本 諭 著；https://oilgas-info.jogmec.go.jp/_res/projects/default_
project/_page_/001/007/943/20191127_Washington.pdf］

念が出て，その機能を果たせなくなったことである．2021年になり原油価格の値下がりや原油ビジネスの将来性への懸念から新規油田投資が鈍った影響で供給量が減ったため，原油価格は再び高騰した．2021年の高騰の大きな特徴は天然ガス価格の高騰が原油価格の高騰の引き金になったことである．

4）再生可能エネルギーの普及が原油需給に大きく影響する可能性は低い．

　一方，天然ガスは，輸送上の制約から原油のような世界市場が成立していないという特徴がある．そのため，シェール革命で北米の天然ガス市場は供給が大過剰となり，価格は暴落した．また，ガス価格の暴落後も，ガスがシェールオイル産出の副産物として供給され続けたため，暴落の回復には時間を要した．特にシェール革命前夜に天然ガスの価格が高騰し，**LNG**（液化天然ガス）プロジェクトを含む多くの投資が行われた直後だっただけに，業界の打撃は大きかった．しかし，2021年のガス価格の急騰によって情勢は一変している．

　石炭の輸送上の制約は原油と天然ガスの中間であるが，資源が偏在していないために，製鉄用強粘結炭以外は地域生産地域消費（地産地消）される傾向が強く，価格も比較的安定している．

　日本では，LNG火力への偏りが目立つ．東日本大震災と福島第一原子力発電所事故による原子力発電所の停止の代替として，既存のLNG基地の余力を利用したLNG火力の増設が選択されたためである．LNG火力での素早い代替そのものが，北米天然ガス市場の暴落によって行き場をなくしていたカタールの巨大LNG輸出プロジェクトと，都市ガス用のLNG基地の受入れの余力の存在という幸運によって可能になったのだが．

　LNG火力への偏りの最も大きな問題点は，災害に対する脆弱性が増していることにある．現在，東京湾のLNG基地が被災すれば，電力の供給は致命的なダメージを受ける．LNGタンクそのものも一定の脆弱性をもっているが，最も弱いところはLNGの荷役設備（ローディングアーム）である．$-160\,^{\circ}\mathrm{C}$という低温の液化ガスを取扱うローディングアームは精密機械であるうえに，荷役設備の性格上，堤防で津波を防ぐことができない．また，LNG市場は限られた参加者による互いに拘束された市場であるため，適切な価格での調達のためには，極度の依存を避ける必要があることも明らかである．果たせるかなLNG価格は2021年に入って急騰し，停電には至らなかったが，一部電力会社

は必要量を調達できない事態に追い込まれた.

　欧米ではパイプライン天然ガスは発電や産業用燃料の中核をなして，災害に対する強さや供給安定性に優れた一次エネルギーである．サハリンから日本の需要地までの距離はロシア/欧州のパイプラインの距離に比べてはるかに短く，パイプライン建設コストの見積もりも約3000億円と同規模のLNGプロジェクトの数兆円に比べて安価である．しかし，ロシアのウクライナ侵攻によってウクライナ戦争が勃発し，米国を中心とした日本を含む西側諸国がウクライナを全面支援した結果，西側諸国とロシアとの関係は，戦争状態になった．ただ長期的に見れば，LNG火力・石炭火力・軽水炉・パイプライン天然ガス火力の電源のバランスのとれた基幹電源の構成が，供給安定と低コストの両面から望ましい.

14・4　軽水炉発電の将来像

　史上最大級の地震であった東日本大震災において，多くの原発が被災し，姉川原発，福島第二原発などが安全に停止する一方，福島第一原発がメルトダウンしたことは多くの貴重な教訓を残した（13章参照）．福島第一原発事故が，風評被害を含め数千人の事故関連死者を出したことは深刻に反省しなければならない．しかし，石炭火力を中心とする火力発電による大気汚染によって，世界では年間数万から数十万人（採掘を含む）の死者が出ていること，また，供給安定性の劣化や電力コスト増による経済の悪化によって，社会的死者が増加することとの冷静な比較が必要である．後者について，オックスフォード大学のスタックラー（D. Stuckler）らは，多くの実例をあげて，経済の停滞のために公衆衛生財政支出を減らすと，確実に平均寿命が短縮することを報告している[5]．極端な例としては，ソ連崩壊後の社会保障の混乱で，ロシア人の寿命は約5年短縮したことがあげられる.

　政府事故調査委員会（畑村陽太郎委員長）による福島第一原発事故の調査報告書を中心とする事故原因調査の結果を見ると，安全工学的な事故原因ははっきりしている．原発のような複雑な巨大システムの過酷事故防止設計において，多重化されていたはずのシステムに，実は同時故障の可能性が残っていたという基本安全設計上の瑕疵である．具体的には，二重化されていた高圧分電盤が同一室内にあり，同時に海水に浸かってしまい，制御用電力の供給が途絶

したことである．また，運転員の誤操作の可能性や，空焚き後の措置の想定の不備なども示唆されている．また，安全文化の問題点として"絶対安全神話"の存在も明らかになっている．

細部はともかく，本質的な事故原因がはっきりした一方で，ギリギリ生き残った事例も得られたので，今後の軽水炉の安全性を必要なレベルに向上させることは可能である．特に巨大システムの安全の基本である基本設計的多重化の確保を最優先すべきである．安全工学の基本から外れた"絶対安全神話"にとらわれるべきではない．

安全性の問題をクリアすれば，軽水炉発電は燃料の供給を紛争地域である中東地区や南シナ海を通る海運（シーレーン）に頼らなくてよいという意味で，供給安定性や国家の安全保障に資する電源選択であることは間違いない．また，コラム（p.207）の"核燃料サイクル技術と国際安全保障"で述べるように，一定規模の軽水炉発電の維持は日本の安全保障の観点でも必要不可欠である．それに加え，軽水炉発電は電力供給と巨大産業の付加価値の多くが国内に還元されるという面でも有益である．

発電コストについてはいろいろな議論があるが，数十年間の発電コストの想定の誤差はかなり大きく，化石燃料発電と軽水炉の発電コストには有意の差はないと判断される．リスク分散の観点からも軽水炉発電を一定の割合でもつことが望ましい．

14・5　発電コストに関する論点の整理

火力発電・軽水炉発電・再生可能エネルギーなどの発電コストについては，おのおのの推進論者が都合のよい前提をおいて主張しており，議論はかみ合わない．コスト計算のかみ合わない理由について，以下に整理する．

14・5・1　燃料コストの変動と金利の影響

この要素はわかりやすい．火力発電の燃料である石油・天然ガスの価格変動（図14・2）は大きいので，どの時点で，どの期間の平均をとるかによって，コストは全く違ってくる．一方，国ごとの金利が違う場合，長期の為替先物相場の決済時期による先物価格差は金利差に依存する．燃料価格は普通米ドル建てなので，どのような将来の想定をするにせよ，米ドル建てで考えることが多

い．ドル建てで燃料価格の変動がないと仮定すると，現時点では2022年半ばまでは先進各国の金利差は小さく問題は少なかったが，2022年6月以降の欧米と日本との金利差は再び開いてきており，この問題は再び重要性が増している．10年ほど前のように5％も金利差があると，円建てでは燃料価格は年5％ずつ値下がりする計算になる．発電所の標準的稼働期間，たとえば40年でみると，この差は非常に大きい．

14・5・2 メンテナンスコストの見積もり

実績のない再生可能エネルギーや蓄電技術の場合，メンテナンスコストが適正に見積もられていない例が多い．太陽光発電の場合，セルそのものの耐久性はあっても，インバーターなどの電子機器やシール材などは20年もたないので，ある時期にオーバーホールが必要である．実際に初期の設備では実施例が出ているが適切に算入されているとはいえない．蓄電池は寿命が短く経時的に容量が低下するが，その考慮が多くの場合なされていない．

14・5・3 待機電力コスト，瞬時負荷追従機能の評価

系統電力を運用する場合，"同時同量"の電力供給が必要であり，それを実現するために，いくつかのタイムスパンで待機発電設備が必要となる．ミリ秒レベルの瞬時の変動に対応するために，部分負荷で待機している発電所のコストから，定期修理や事故時の予備まで含めると総設備容量の15～20％程度の待機発電容量が必要である（標準的な瞬時予備率が5～10％）．待機電力のコストも発電した発電所が負担しなければならないのは当然である．発電設備はその特性に応じてどの程度の待機電力が必要かは異なるので，それに応じてコストの負担を行うことになる．工場自家発電の余剰電力のようにまったくその供給が保証されないのであれば，使用電力とほぼ同じ発電容量（同時故障率評価を除く）の待機電力コストの負担が必要となる（太陽光，風力もほぼ同じ）が，通常，計画どおりの発電が必要な火力発電の場合は，待機電力コストの分担は小さくなる．このコストは従来託送料金に概算的に含まれていたが，2022年現在，まさに入札制の容量市場*の創設という目に見える形にされようとしてい

---

* 系統運用の責任をもつ電力広域的運営推進機関が，系統運用に必要な待機発電容量（供給力）を発電事業者から入札で調達する制度．費用は小売電気事業者が容量拠出金として負担する．

る．ちなみに 2025 年度向け入札価格は 3495〜5242 円であった．この額は単純平均すると約 0.5 円/kWh である．

14・5・4　期待資本利益率（WACC）による現在価値への割戻し

発電設備に限らず設備投資を行う場合，一定の期待資本利益率を設定し，将来発生するコストを現在価値に置き直して評価する．現在，大手電力会社が電力料金を算出する際には，3.5 %/年が用いられている．ちなみに 3.5 %という値は，日本の歴史的低金利と事業リスクの低さを反映しており，国際的比較や異業種と比較すると異例の低水準といえる．通常の日本の製造業での投資判断の基準は 10 %程度である〔注：日本の場合は現在物価上昇率がほぼゼロなのでその影響は省略されているが，物価上昇率が無視できない場合は実質 WACC（WACC から物価上昇率を引いたもの）で議論する必要がある〕．ここまでの説明を読んで，一般の読者には違和感はないと思う．しかしながら，この WACC の考え方が軽水炉発電のコストを考えるうえで推進派と反対派の非常に大きな分かれ道になっている．

ここで高レベル廃棄物（使用済み核燃料）の処理（13 章参照）を考えてみる．140 万 kW 級の軽水炉の使用済み核燃料の保管費（A）が年間 3 億円かかると想定する．稼働を仮に 50 年として，管理必要期間を 10 万年と仮定する．WACC がゼロなら処理費用は 30 兆円かかることになり，軽水炉の経済性は成り立たない．しかし，WACC に 3.5 %を入れると，発電開始から n 年後の費用の現在価値は $A \times (1 - 0.035)^n$ となり，累積費用は

$$A \times \frac{1 - (1 - 0.035)^n}{0.035}$$

となる．したがって n が無限大であっても，累積費用は $A/0.035$ すなわち 100 億円を超えない．100 億円であれば建設コスト（おそらく 6000 億円程度）の誤差の範囲にしかならない．何かマジックにかかったように思われるかもしれないが，世の中で行われているコスト計算のやり方を使う限りこの結論は変わらない．ちなみに，米国においては使われる WACC はもっと高いので，初期投資の大きい軽水炉や石炭火力は不利になり天然ガス火力が選択されることになる．メガソーラー投資などの場合は初期コストがほとんどなので金利や期待される WACC 水準の影響が大きい．また長期の買取り保証がプロジェクトの許容される WACC 水準を下げていることにも注意が必要である．

14・5・5 将来のコストダウン

新しい発電方式, 特に再生可能エネルギーのコストを評価する際, 推進派からは導入が進めば量産効果で大幅にコストが下がるという説明がされるのが常である. しかし, 計画どおりにコストが下がった例はきわめて少ない. 一つの問題点は, 本体や固有の部品はコストダウンできても, すでに多用途で量産されている部品や作業はコストダウンがほとんどできないので, 本体価格が仮に数十分の一に下がっても, コストダウン前にたとえば20％だった従来技術分のコストが下がらなければコストは 1/5 以下にはならない.

14・6 再生可能エネルギーについて

現在, 最も安価な発電コストの発電所は, 大規模水力発電所である. しかし, 日本では大規模水力発電所を増設することはできない. すでに (大幅な自然破壊なしに) 建設可能な場所は事実上すべて建設されているからである. 風力, 地熱, メガソーラーなどの自然エネルギー発電も水力と同じことがいえる. 発電条件の良い立地ではいち早く建設が行われ, 建設が進むにつれて条件は悪化する. 公的な補助金に支えられて建設が進められている再生可能エネルギー発電が, (多少の設備コストダウンがあったとしても) 好立地の枯渇と補助金 (日本でもすでに電気料金の約10％に達している) の増加に対する国民の批判を克服して拡大し続けることは不可能に近い. 特に日本ではすでにドイツで失敗していた FIT 制度*を導入し, 温暖化ガス排出削減に向けることが可能な財源を使ってしまっている. また, 最近, かなりの数の太陽光発電所での土砂崩壊事故や自然破壊が発生したため, 地元の立地に対する目が格段に厳しくなっている. 発電所・車の効率向上や, 省エネ推進・住宅断熱の強化など費用対効果の大きな政策に転換する必要がある.

14・7 輸送用エネルギー

輸送用エネルギーは世界の全一次エネルギー消費量の28％を占め, そのほとんどが石油によって賄われている. 経済成長に伴い一次エネルギー消費量に

---

* Feed-in Tariff の略. 固定価格買取制度, エネルギーの買取価格を法律で定める方式の助成制度.

占める輸送用エネルギーの比率は上がる傾向があるため，最近まで，輸送用エネルギーの需要は増大し続けると思われてきた．しかし，図14・5で示したように，日本では2002年をピークに輸送用エネルギーは減り始めている．これはハイブリッド車（HV）など燃費のよい車の普及によるものである．

また，2017年になり，欧州で将来の電気自動車（EV）への転換政策が相次いで発表され，将来の輸送用エネルギーのあり方が大きく注目されている．このあり方の議論を進めるうえで注意しなければならないのは，乗用車は必需品であると同時に嗜好品だということである．表14・1に，現在，米国環境保

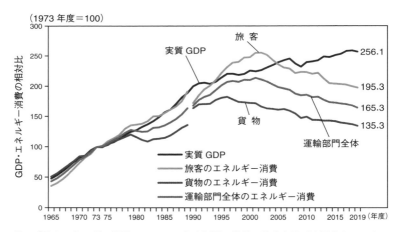

注1:「総合エネルギー統計」は，1990年度以降，数値の算出方法が変更されている．
注2: 1993年度以前のGDPは日本エネルギー経済研究所推計．
　　（出典: 内閣府「国民経済計算」，経済産業省「総合エネルギー統計」を基に作成）

図 14・5 **GDPと運輸部門のエネルギー消費** ["エネルギー白書2021"，図
【第212-3-2】]

表 14・1 **一次エネルギー換算燃費比較**

	駆動方式	車 種	一次エネルギー換算燃費†
ハイブリッド車	HV	プリウス	30.8 km/L
燃料電池車	FCV	MIRAI	16.2 km/L
電気自動車	EV	テスラ3	22.9 km/L
ディーゼル車	DE	Benz C220D	20.3 km/L

†　EPA燃費・電費をベースに換算．EVについては電費を発電効率（火力
　　平均，受電端37%）で換算．

護庁 (Environmental Protection Agency, EPA) が評価している“プリウス”クラスの大きさの車の燃費を一次エネルギーベースに換算したものを示す（この比較には空調のエネルギーが含まれていないことに注意．空調，特に暖房を考慮すると排熱利用できない EV, HV は不利になる）．これを見るとプリウスの燃費が最もよく，燃料電池自動車（FCV）の MIRAI はディーゼル車にも及ばないことがわかる．この比較では EV は HV に及ばない．これは 300 km 程度の航続距離を達成するために重い電池を積んでいるためであり，思い切って街乗りと長距離使用の車を分け，月に何回も使わない長距離使用をカーシェアで行えば，街乗りは EV にシフトするだろう．ただ，忘れてはならないのは現在売られている乗用車全体の平均燃費はこれらの車に遠く及ばないことである．エンジンが大きく操縦性能の良い大型車を嗜好品として求めれば，輸送用エネルギーは増える．そこが，経済性や供給安定性など，理屈で割り切れる要素で決まる発電用エネルギーと大きく異なる点であり，それを無視した議論は成り立たない．

　しかしながら，発電に比べて効率向上の余地が大きな車載用エンジン技術で効率向上の動きが続いているため，今後，輸送用エネルギー需要の対 GNP 弾性値[*1]は減少する．おそらく 1.0 を切り，原油価格の上昇制限要素になることは間違いない．一方，電気推進の比率が上がることは，輸送用の一次エネルギーが石油全面依存からある程度多様化することになり，エネルギーの供給安定性・安全保障の面からは望ましい．

14・8　核燃料サイクル政策

　エネルギー問題で核燃料サイクルほどわかりにくい問題はない．なぜなら一言でいえば，核燃料サイクル政策はエネルギー政策ではなく，国家安全保障政策の側面が強いからである，少なくとも今後四半世紀において核燃料サイクルが経済性をもつと考えている人はいないだろう．

　しかし，22 世紀を考えると，高速増殖炉[*2]の開発は重要である．現在のウラン資源量をベースに核燃料サイクルで利用すると，現在の化石燃料資源の数百倍の一次エネルギーが利用可能となる．その資源量は現在開発されている

---

*1　GNP 弾性値 ＝ 消費エネルギー増加率／経済成長率（GDP の増加率）．
*2　消費する核燃料よりも新たに生成する核燃料の方が多くなる原子炉を**増殖炉**といい，高速中性子による核分裂連鎖反応を用いた増殖炉のことを**高速増殖炉**という．核燃料の主体はウラン 238／プルトニウム 239 である．

DT核融合炉[*1]で利用可能な一次エネルギーよりも，はるかに大きい．核融合炉は未だにブレークイーブン[*2]にも達していないのに対して，高速増殖炉は，現時点での経済性に問題があるとはいえ，すでに100万kW級の運転実績があり，人類が化石燃料に頼れなくなる可能性の高い22世紀の人類の重要な選択肢であることは間違いない．ただ，少なくとも半世紀以上先に実用化することを前提とすれば，"もんじゅ"のような原型炉の運転研究を行う必要はなく，"常陽"クラスの小回りの効く実験炉に研究の主軸をおくことが望ましい．また，核燃料サイクル政策は軽水炉発電以上に国の国際安全保障政策に深くかかわっており，純粋なエネルギー政策の視点のみで政策決定されるわけではないことにも注意が必要である．

　最後に核燃料サイクルにおいて，ある意味高速増殖炉・再処理以上に政治問題化した高レベル核廃棄物の最終処分（地層処分）の問題にも簡単にふれておく（§13・5参照）．アフリカのガボンにオクロの天然（自然）原子炉跡という地層が存在する（§13・2・2参照）．その痕跡が5億年間も保存されていたということは，安定な地層であれば10万年はおろか5億年安定であるという実例であり，地層処分が可能な技術であることを示している．現在受け入れる地元がないという問題は，現在高エネルギー廃棄物は中間貯蔵で発熱量を下げている段階であり，急いで決める必要がないという状況を反映しているに過ぎない．数十年後に決めればよく，その選択肢には国内だけでなく，国外の核廃棄物処理場も候補になりうる．

14・9　ま と め

　エネルギー供給は現代文明国家の基盤であり，それにかかる政策選択の意味は非常に大きい．日本という国の安全安心発展を考えるならば政策選択は冷静冷徹でなければならない．また，エネルギー政策は安全保障政策と密接に関連

---

*1　DT核融合とDD核融合: 現在開発が行われている核融合炉はD（二重水素）とT（三重水素）の核融合を目的としており，太陽内の反応と同じDとDの核融合でHeがつくられる反応（図1・3参照）とは異なるものである．したがって，Tの原料となる^{6}Liの資源量に制約され，事実上無限のエネルギーとはならない．
*2　ブレークイーブンとは，核融合を起こすためのプラズマをつくるエネルギーと同量の核融合エネルギーが発生する状態をいう．似た概念に工学的ブレークイーブンがある．こちらは仮想発電所をつくったときに発電した電力で所内電力がちょうど賄える状態をいい，プラズマのブレークイーブンにおける核融合エネルギー発生率の約10倍といわれている．

COLUMN

核燃料サイクル技術と国際安全保障

　なぜ，米国を中心とする西側諸国は，イランによる平和利用目的の原子力技術の開発に強い制限をかけようとして，経済制裁を行ったのだろうか？イランは，オバマ政権との合意まで，長年の経済制裁に耐えて自国の主張を貫き，トランプ政権の合意離脱後また経済制裁に耐えているのだろうか？欧米諸国はウラン濃縮技術などの原子力技術が当初平和目的であったとしても，核兵器開発に転用されることを危惧したことが強硬姿勢の理由である．イランの立場からみると核拡散防止条約（NPT）は，もともと五大核保有国（国連の安全保障理事会常任理事国である米，露，英，仏，中国）に一方的に有利な不平等条約であり，その論理を無条件に認めることはできないという立場であった．ここにみえるのは，核抑止力で大国間の平和が維持されている現代世界において，核技術保有の問題は一国の命運にかかわる問題と認識されているという厳然たる現実である．

　技術的に見ると，核燃料サイクルの中核技術である高速増殖炉（FBR）と使用済み核燃料再処理技術（再処理技術）は，軽水炉関連技術よりも核兵器製造技術との近縁性が高い技術である．一定の制約の下とはいえ，日本が国際的に核燃料サイクル技術の開発を認められていることは，NPT 体制のなかで五大核保有国に次ぐ立場を保持していることにほかならない．日本の国家安全保障政策上，核燃料サイクル開発を断念し，軽々にこの立場を放棄することができないことは明らかだろう．

　最後に，日本の保有する大量の軽水炉使用済み燃料から再処理されたプルトニウム（発電用 Pu）の存在が，核拡散防止上の大きな問題だという"過剰プルトニウム"の問題について，"Pu の同位体比が軍事用 Pu と異なるため，発電用 Pu を用いて実用的な核兵器の製造は不可能であることは，少しでも専門知識のある人間の間では周知の事実だ"ということを知っておくことも重要だろう．

　しており，単純な経済や環境の問題としてとらえることはできない．また，関係者の唱える大義名分が本音と異なることも多い．そのような問題認識のなかで，エネルギー安全保障問題の専門家で，かつ特定の利害関係をもたないという立場で本章を執筆した．

　今後一世代四半世紀から半世紀くらいのタイムスパンで見ると再生可能エネルギーは，まだ，日本の（世界の）一次エネルギー供給の構造を担うことはできないと予測される．日本としては，石油，石炭，LNG，パイプライン天然ガス，軽水炉による核分裂エネルギーの利用という五つの一次エネルギーをバランスよく使うことにより，十分な供給安定性を確保しながら，合理的なコストをめざす以外の選択肢は考えにくいというのがここでの結論である．また，核燃料サイクル政策が近未来の"エネルギー政策"ではなく，"安全保障政策"として推進されているということも忘れてはならない．

参 考 図 書 な ど

1)　経済産業省"エネルギー白書 2021"
2)　"石油便覧"（2016）．
3)　"福島原発で何が起こったか：政府事故調技術解説"，渕上正朗，笠原直人，畑村洋太郎 著，日刊工業新聞社（2012）．
4)　"政府事故調査委員会　中間・最終報告書"
5)　"経済政策で人は死ぬか？"，D. Stuckler, S. Basu 著，橋 明美，臼井美子 訳，草思社（2014）．
6)　米国 EPA ホームページ（https://www.epa.gov/fueleconomy）．
7)　"プルトニウム"，J. Bernstein 著，村岡克紀 訳，産業図書（2008）．
8)　"核兵器"，多田 将 著，明幸堂（2019）．
9)　"シェール革命は短命に終わる"，大場紀章 著，日経エネルギー Next（2018）．
　　https://tech.nikkeibp.co.jp/dm/atcl/feature/15/082400125/012600009/
10)　日経新聞 2022 年 1 月 3 日ヤーギン氏「第 2 次シェール革命で OPEC 支配に変化」

索　引

執　筆　者

一 本 松 正 道（いっぽんまつ まさみち）[14章]

(株)ルネッサンス・エナジー・インベストメント 代表取締役

1954年兵庫県生まれ．1977年東京大学理学部化学科 卒．1979年同大学院修士課程 修了（理学修士）．1988年工学博士（東京大学）．技術士（化学部門）．大阪ガス(株)エネルギー事業部部長，創光科学取締役会長を経て現職．

専門：エネルギー政策，窒化物半導体，触媒，化学センサー，燃料電池

伊 藤 眞 人（いとう まさと）[10章]

創価大学理工学部 教授

1954年高知県生まれ．1977年東京大学理学部化学科 卒．1982年同大学院博士課程 修了（理学博士）．青山学院大学理工学部 助手，東京大学工学部 助手，講師，創価大学生命科学研究所 助教授，工学部 助教授を経て，2003年工学部 教授．2015年より現職．

専門：有機化学，化学工学，化学教育

小 木 知 子（おぎ ともこ）[11章]

1953年東京都生まれ．1977年東京大学理学部化学科 卒．1979年同大学院修士課程 修了（理学修士）．1981年同大学院博士課程 中退．1995年工学博士（東京大学）．通産省工業技術院公害資源研究所，（1981年組織改編後）資源環境技術総合研究所 研究室長，2001〜2014年（独）産業技術総合研究所 GL グループリーダー（2020年まで勤務）．

専門：バイオマス化学

黒 田 智 明（くろだ ちあき）[6章]

立教大学名誉教授

1954年長野県生まれ．1977年東京大学理学部化学科 卒．1982年同大学院博士課程 修了（理学博士）．立教大学理学部 助手，講師，助教授を経て，2000〜2020年 教授．

専門：天然物有機化学

小 林 憲 正（こばやし けんせい）[2章]

横浜国立大学名誉教授

1954年愛知県生まれ．1977年東京大学理学部化学科 卒．1982年同大学院博士課程 修了（理学博士）．米国メリーランド大学 研究員，横浜国立大学工学部 講師，助教授等を経て，2003〜2020年横浜国立大学大学院工学研究院 教授．

専門：分析化学，アストロバイオロジー

中 田 宗 隆*（なかた むねたか）[1章]

東京農工大学名誉教授

1953年愛知県生まれ．1977年東京大学理学部化学科 卒．1981年同大学院博士課程 中退（1982年理学博士）．東京大学理学部 助手，広島大学理学部 講師，東京農工大学農学部 助教授を経て，1995〜2019年東京農工大学大学院生物システム応用科学研究科 教授．

専門：物理化学，分子分光学，光反応化学

西 田 昌 司（にしだ まさし）[3章]

甲子園大学栄養学部 特任教授. 神戸女学院大学名誉教授

1954年石川県生まれ. 1977年東京大学理学部化学科 卒. 1979年同大学院修士課程 修了（理学修士）. 1983年大阪大学医学部 卒, 1989年同大学院博士課程 修了（医学博士）. 大阪大学医学部 助手を経て, 2000～2020年神戸女学院大学人間科学部 教授. 2020年より現職.

専門: 循環器内科学, 細胞生物学

西 原 祥 子（にしはら しょうこ）[7章]

創価大学糖鎖生命システム融合研究所 所長・教授

1953年東京都生まれ. 1977年東京大学理学部化学科 卒. 1982年同大学院博士課程 修了（理学博士）. 東京慈恵会医科大学 助手, 創価大学生命科学研究所 講師, 助教授を経て2001年 教授, 2003年工学部 教授. 2019年より現職.

専門: 糖鎖生物学, 幹細胞生物学, 生化学, 分子生物学

西 原 寛*（にしはら ひろし）[4章]

東京理科大学研究推進機構総合研究院長・教授. 東京大学名誉教授

1955年鹿児島県生まれ. 1977年東京大学理学部化学科 卒. 1982年同大学院博士課程 修了（理学博士）. 慶応義塾大学理工学部 助手, 専任講師, 助教授を経て, 1996～2020年東京大学大学院理学系研究科 教授. 2020年より現職.

専門: 錯体化学, 電気化学, ナノサイエンス.

堀 井 明（ほりい あきら）[8章, 9章]

東北大学名誉教授

1953年北海道生まれ. 1977年東京大学理学部化学科 卒. 1981年大阪大学医学部 卒. 外科医を経てがん研究に入り, 1989年医学博士（大阪大学）. 米国ユタ大学研究員, 癌研究会癌研究所（主任研究員）を経て, 1994～2019年東北大学医学部・大学院医学系研究科 教授.

専門: 分子腫瘍医学

薬 袋 佳 孝（みない よしたか）[12章, 13章]

武蔵大学リベラルアーツアンドサイエンス教育センター 教授

1954年岐阜県生まれ. 1977年東京大学理学部化学科 卒. 1982年同大学院博士課程 修了（理学博士）. 東京大学理学部 助手, 専任講師, 助教授を経て, 1996年より武蔵大学人文学部 教授, 根津化学研究所兼担研究員. 2022年より現職.

専門: 放射化学, 核化学, 環境地球化学

山 口 雅 彦（やまぐち まさひこ）[5章]

大連理工大学精細化工国家重点実験室 教授. 東北大学名誉教授

1954年福岡県生まれ. 1977年東京大学理学部化学科 卒. 1982年同大学院博士課程 修了（理学博士）. 九州工業大学工学部 助手, 助教授, 東北大学大学院理学研究科 助教授を経て, 1997～2020年東北大学大学院薬学研究科 教授. 2020年より現職.

専門: 有機化学, 合成化学

（五十音順, [　]内は執筆担当章, *は編集担当）

第1版 第1刷 2023年3月30日発行

教 養 の 化 学
—生命・環境・エネルギー—

© 2 0 2 3

編　集	西　原　　　寛
	中　田　宗　隆
発 行 者	住　田　六　連
発　　行	株式会社 東京化学同人

東京都文京区千石3丁目36-7（〒112-0011）
電話（03）3946-5311 ・ FAX（03）3946-5317
URL: https://www.tkd-pbl.com/

印刷・製本　新日本印刷株式会社

ISBN978-4-8079-2041-9
Printed in Japan

元素名

	1							
1	水 素 1 **H** 1.008	2						
2	リチウム 3 **Li** 6.94 †	ベリリウム 4 **Be** 9.012						
3	ナトリウム 11 **Na** 22.99	マグネ シウム 12 **Mg** 24.31	3	4	5	6	7	8
4	カリウム 19 **K** 39.10	カルシウム 20 **Ca** 40.08	スカン ジウム 21 **Sc** 44.96	チタン 22 **Ti** 47.87	バナジウム 23 **V** 50.94	クロム 24 **Cr** 52.00	マンガン 25 **Mn** 54.94	鉄 26 **Fe** 55.85
5	ルビジウム 37 **Rb** 85.47	ストロン チウム 38 **Sr** 87.62	イット リウム 39 **Y** 88.91	ジルコ ニウム 40 **Zr** 91.22	ニオブ 41 **Nb** 92.91	モリブデン 42 **Mo** 95.95	テクネ チウム 43 **Tc** (99)	ルテニウム 44 **Ru** 101.1
6	セシウム 55 **Cs** 132.9	バリウム 56 **Ba** 137.3	ランタ ノイド 57〜71	ハフニウム 72 **Hf** 178.5	タンタル 73 **Ta** 180.9	タング ステン 74 **W** 183.8	レニウム 75 **Re** 186.2	オスミウム 76 **Os** 190.2
7	フラン シウム 87 **Fr** (223)	ラジウム 88 **Ra** (226)	アクチ ノイド 89〜103	ラザホー ジウム 104 **Rf** (267)	ドブニウム 105 **Db** (268)	シーボー ギウム 106 **Sg** (271)	ボーリウム 107 **Bh** (272)	ハッシウム 108 **Hs** (277)

元素記号
水 素
原子番号 →1 **H** ← 元素記号
1.008

原子量（質量数 12 の炭素（^{12}C）を 12 と

s-ブロック元素　**d-ブロック元素**

ランタノイド	ランタン 57 **La** 138.9	セリウム 58 **Ce** 140.1	プラセ オジム 59 **Pr** 140.9	ネオジム 60 **Nd** 144.2	プロメ チウム 61 **Pm** (145)	サマリウム 62 **Sm** 150.4	
アクチノイド	アクチ ニウム 89 **Ac** (227)	トリウム 90 **Th** 232.0	プロトアク チニウム 91 **Pa** 231.0	ウラン 92 **U** 238.0	ネプツ ニウム 93 **Np** (237)	プルト ニウム 94 **Pu** (239)	

f-ブロック元素

　ここに示した原子量は実用上の便宜を考えて，国際純正・応用化学連合（IU
た表によるものである．本来，同位体存在度の不確定さは，自然に，あるいは
子量の値は，正確度が保証された有効数字の桁数が大きく異なる．本表の原子
信頼性はリチウム，亜鉛の場合を除き有効数字の 4 桁目で ±1 以内である（両
い元素については，その元素の放射性同位体の質量数の一例を（　）内に示した
† 人為的に ^{6}Li が抽出され，リチウム同位体比が大きく変動した物質が存在す
値が与えられている．なお，天然の多くの物質中でのリチウムの原子量は 6.94